세상을 바꾼 과학자의 말
딱 한마디 과학사

천개의지식 02

딱 한마디 과학사 북토큰 선정, 아침독서신문 선정, 오픈키드 좋은어린이책 추천

펴낸날 초판 1쇄 2017년 4월 3일 | 초판 8쇄 2024년 6월 4일

글 정창훈 | **그림** 이희은
편집 김난지 | **디자인** 손미선 | **홍보마케팅** 이귀애 | **관리** 최지은 이민종
펴낸이 최진 | **펴낸곳** 천개의바람 | **등록** 제406-2011-000013호 | **주소** 서울시 영등포구 양평로 157, 1406호
전화 02-6953-5243(영업), 070-4837-0995(편집) | **팩스** 031-622-9413 | **사진자료** wikimedia

ⓒ 정창훈·이희은, 2017 | **ISBN** 979-11-87287-39-1 43400

* 이 도서의 국립중앙도서관 출판시도서목록(CIP)은 서지정보유통지원시스템 홈페이지(http://seoji.nl.go.kr)와
  국가자료공동목록시스템(http://www.nl.go.kr/kolisnet)에서 이용하실 수 있습니다. (CIP 제어번호: CIP2017007569)

* 잘못 만든 책은 구입하신 서점에서 바꾸어 드립니다. 천개의바람은 환경을 위해 콩기름 잉크를 사용합니다.
* 종이에 베이거나 긁히지 않도록 조심하세요. 책 모서리가 날카로우니 던지거나 떨어뜨리지 마세요.

제조자 천개의바람 **제조국** 대한민국 **사용연령** 11세 이상

세상을 바꾼 과학자의 말

딱 한마디
과학사

정창훈 글 | 이희은 그림

천개의바람

차 례

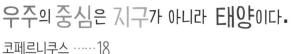

이집트의 나일 강 주변은 옛 문명이 시작된 곳 가운데 하나로 잘 알려졌어요. 옛날 이집트에서 나일 강은 사람들 생활에 아주 중요한 터전이었어요. 나일 강 주변의 비옥한 땅에 밀을 키워서 많은 사람들이 배불리 먹고살 수 있었거든요.

농작물을 계속 키우면 땅은 으레 황폐해지기 마련이에요. 하지만 나일 강 주변 땅은 언제나 기름졌어요. 왜냐고요? 나일 강은 해마다 홍수로 흘러넘쳤는데, 그때마다 강바닥에 있는 기름진 흙이 주변 땅을 뒤덮었기 때문이에요. 하지만 나일 강의 범람이 마냥 좋기만 했던 건 아니에요. 온 마을을 물바다로 만들어 피해도 크게 입혔으니까요.

나일 강의 범람은 해마다 비슷한 때에 일어났어요. 어, 그렇다면 강이 흘러넘치기 전에 미리 대비를 하면 피해를 줄일 수 있지 않을까요? 달력에 나일 강이 범람하는 날짜를 표시해 놓고 말이에요. 하지만 아쉽게도, 옛날 이집트 사람들은 그럴 수가 없었어요. 달력이 정확하지 않아서 해마다 같은 날을 알 수가 없었답니다.

다행히 얼마 후 그 문제를 해결한 사람이 나타났어요. 그 사람은 신을 모시고 제사를 지내는 신관이었어요. 옛 이집트의 신관은 천문학자이기도 했어요. 새벽마다 별을 관찰하며 하늘의 뜻을 읽었거든요. 오랜 세월 새벽하늘에서 별을 관찰하던 신관은 이렇게 말했어요.

"이른 새벽 동쪽 지평선에서 시리우스 별이 보이는 때부터 나일 강의 범람이 시작된다."

이 말을 들은 사람들은 새벽하늘에 시리우스 별이 보일 때에 맞춰 나일 강 범람에 대비하기 시작했어요. 마을 주변에 높은 둑을 쌓아 물이 들어오지 못하게 했지요. 그 후로 나일 강이 흘러넘쳐서 밭이 모두 물에 잠기더라도 마을만은 안전했답니다.

요즘 사람들은 옛날 이집트 문명을 흔히 '나일 강의 선물'이라고 말해요. 비옥한 나일 강을 중심으로 무려 3천 년 가까이 찬란한 문화를 꽃피웠으니까요. 하지만 가만히 생각해 보면, 옛 이집트 문명을 지탱한 것은 나일 강의 범람을 예측한 그 신관의 '한마디'가 아니었을까요? 그 한마디가 없었다면, 이집트는 해마다 흘러넘친 나일 강에 휩쓸려 채 몇 년도 지탱 못 하고 사라졌을지도 모르니 말이에요.

옛 이집트 신관의 후예인 과학자들도 지금 우리들에게 놀라운 한마디를 들려주고 있어요. 옛 이집트 신관의 한마디가 이집트 문명을 이룩하고 지탱했던 것처럼 과학자들의 한마디가 지금 우리 세상을 이끌고 있답니다.

'우주 만물은 무엇으로 이루어져 있을까?'

'우주는 어떤 모습을 하고 있을까?'

'전기는 무엇이고, 자기는 무엇일까?'

'사람과 모든 생물은 어떻게 생겨났을까?'

'땅과 바다는 어떻게 만들어졌을까?'

과학자들은 이런 질문에 답을 찾으려고 노력했고, 그 결과를 한마디 말에 담아냈어요. 세상을 바꾼 과학자들의 한마디는 무엇인지 이제부터 귀 기울여 들어볼까요?

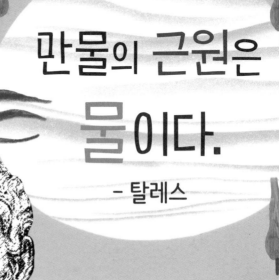

만물의 근원은
물이다.

- 탈레스

기원전 585년 5월 28일, 그리스 도시 밀레투스 광장에 많은 사람들이 모여 웅성거렸어요. 몇몇 사람들은 눈을 찡그리며 손가락 사이로 눈부신 해를 훔쳐보기도 했어요.

"어, 해가 조금씩 사라지고 있어!"

누군가 외치는 소리에 사람들은 모두 해를 바라보았어요. 해는 아직 맨눈으로 바라볼 수 없을 만큼 눈부셨어요. 하지만 주변이 점점 어두워지고 있었어요.

"아, 정말 해가 사라졌어!"

곧 초저녁처럼 컴컴해졌어요. 갑자기 어두워진 하늘에 밝은 별이 몇 개 나타났어요.

"오, 신이시여! 노여움을 풀고 우리에게 해를 돌려주세요."

여기저기에서 놀라움과 두려움의 신음소리가 흘러나왔어요. 어떤 사람들은 무서워서 울부짖기도 했어요. 그때 한 사람이 나서며 말했어요.

"다들 너무 걱정 마세요. 얼마 전부터 탈레스 선생님께서 달이 태양을 가리는 일식이 곧 일어날 거라고 말씀하셨어요. 이건 신의 노여움으로 빚어진 일이 아니라 때가 되어 나타나는 자연 현상일 뿐이랍니다"

일식을 신이 노한 것이라며 두려워했던 그 옛날, 일식을 예측했던 '탈레스'는 누구일까요?

일식을 예측한 밀레투스의 현자

탈레스는 기원전 약 624년에 그리스의 밀레투스라는 곳에서 태어났어요. 밀레투스는 큰 항구 도시여서 주변 여러 도시와 나라에서 배를 타고 찾아온 사람들로 붐볐어요. 그 사람들은 새로운 지식을 전해 주기도 했어요. 그 덕분에 탈레스는 어릴 적부터 온갖 지식이 풍부했답니다.

청년이 되어 탈레스는 이집트에 가서 기하학과 천문학을 공부하게 되었어요. 그러던 어느 날 아침, 탈레스는 사람들에게 이집트에서 가장 높은 피라미드의 높이를 재겠다고 큰소리를 쳤어요. 탈레스는 피라미드 옆에서 기둥처럼 꼿꼿이 선 채 꼼짝하지 않았어요. 땅에는 탈레스와 피라미드의 그림자가 길게 드리워졌어요. 해가 높이 떠오르면서 그림자는 점점 짧아졌어요. 드디어 탈레스의 그림자 길이가 탈레스의 키와 같아졌을 때였어요. 탈레스는 사람들에게 이렇게 말했어요.

"여러분, 저의 그림자 길이가 저의 키와 같아졌습니다. 그럼 당연히 피라미드의 그림자 길이도 피라미드의 높이와 같겠지요?"

이런 일 덕분에 밀레투스로 돌아온 탈레스는 이미 현명한 사람으로 널리 알려졌어요.

어느 날, 탈레스는 바빌로니아에서 온 사람에게서 놀라운 이야기를 전해 들었어요. 바빌로니아의 천문학자들은 일식이 언제 일어날지 예측할 수 있다는 거였어요. 바빌로니아는 지금 이라크의 유프라테스 강과 티그리스 강 유역을 다스리던 나라예요. 옛 그리스보다 오랜 역사와 문화를 지닌 바빌로니아는 천문학이 아주 발달했어요. 바빌로니아의 천문학자들은 오랜 세월 일식을 관찰하고 기록했어요. 그 결과 일식이 일정한 간격으로 되풀이해 일어난다는 사실을 발견했지요.

탈레스는 밀레투스에서 일식이 일어났던 기록을 조사했어요. 일식은 거의 19년마다 한 번씩 일어났어요. 그에 따라 곧 일식 때가 다가오고 있다는 사실도 알아냈죠.

저의 그림자 길이가 제 키와 같아졌습니다. 그럼 피라미드의 그림자 길이도 당연히 피라미드의 높이와 같겠지요?

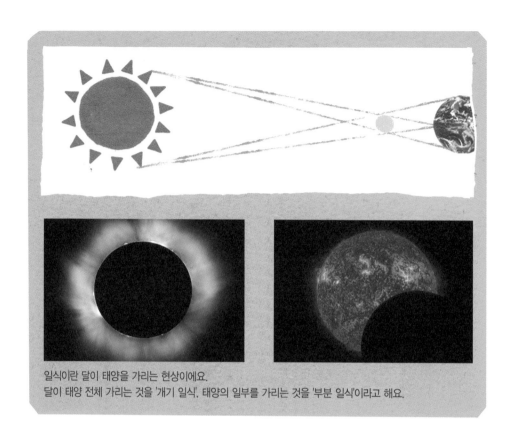

일식이란 달이 태양을 가리는 현상이에요.
달이 태양 전체 가리는 것을 '개기 일식', 태양의 일부를 가리는 것을 '부분 일식'이라고 해요.

"일식은 자연 현상일 뿐이야. 그런데 사람들은 일식이 신의 뜻에 따라 일어나는 거라며 두려워하고 있어. 그게 아니라는 걸 보여 줄 수 있는 좋은 기회야."

탈레스가 아무리 뛰어났어도 일식 날짜까지 정확히 짚을 수는 없었어요. 그건 바빌로니아의 천문학자들도 마찬가지였어요. 탈레스는 몇 월 며칠 즈음에 일식이 일어날 거라고 사람들에게 말했어요. 그리고 그 즈음 정말 일식이 일어났던 거예요.

세상의 이치를 밝히는 자연 철학자

세상 모든 일의 이치를 찾으려고 노력하는 사람을 '철학자'라고 해요. 탈레스는 옛 그리스에서 손꼽히는 철학자였어요. 탈레스는 특히 자연 현상에 관심이 많아서 '자연 철학자'라고 해요.

철학자는 지혜로운 사람이에요. 하지만 철학자를 한심하게 여기는 사람들도 많았어요. 세상의 이치를 밝히려고 노력하지만 자기 앞가림도 제대로 못한다고 말이에요. 탈레스가 가난하게 사는 걸 비웃는 사람들도 있었지요.

"철학자들은 자기가 똑똑한 줄 안단 말이야. 그렇게 똑똑하면 돈이나 많이 벌어 보든지."

탈레스는 마음만 먹으면 돈을 벌 수 있다는 걸 보여 주기로 했어요. 그래서 탈레스는 겨울밤, 유심히 별을 관찰했어요. 이듬해 날씨를 예측하려는 거였지요.

"음, 내년에는 올리브 농사가 풍년이겠어."

올리브는 기름을 짜거나 소금 절임을 해서 먹는, 귀한 농산물이었어요. 올리브에서 기름을 짜려면 착유기라는 기계가 필요해요. 탈레스는 돈을 주고 동네의 올리브 착유기를 모두 빌렸어요.

이듬해 올리브 농사는 탈레스가 예측한 것처럼 풍년이었어요. 하지만 농부들은 올리브 기름을 짤 수가 없었어요. 탈레스가 올리브 착유기를 모두 빌려 놓았으니까요. 농부들은 어쩔 수 없이 탈레스에게 많은 돈을 내고 착유기를 빌릴 수밖에 없었지요. 탈레스는 당연히 큰돈을 벌었답니다.

만물의 근원을 탐구한 최초의 과학자

탈레스는 마음속에 아주 어려운 질문 하나를 품고 있었어요.
'세상 모든 것의 근원을 이루는 물질은 무엇일까?'
밤하늘의 별을 볼 때도, 바닷가를 거닐 때도, 탈레스는 그 생각에 푹 빠졌어요. 그러던 어느 날, 탈레스는 머릿속이 갑자기 환해지는 걸 느꼈어요.

"맞아! 만물의 근원은 물이다."

탈레스는 어째서 모든 것을 이루는 근본 물질이 물이라고 생각했을까요?

물을 끓이면, 수증기 같은 기체가 날아가지요? 또 물이 다 끓고 나면 냄비 바닥에 먼지 같은 고체가 남아요. 탈레스는 이거야말로 하늘을 이루는 공기와, 땅을 이루는 흙이 물에서 생겨난 증거라고 생각했어요.

물은 생명을 품은 소중한 물질이에요. 빗물이 촉촉하게 땅을 적시면 푸릇푸릇 새싹이 돋아나요. 메말랐던 땅이 생명으로 뒤덮이는 거예요.

물은 생명을 유지하는 데도 꼭 필요한 물질이에요. 물이 없으면 식물은 금세 말라죽어요. 사람은 물론 동물도 물을 마시지 못하면 살아갈 수 없어요.

물은 움직이기도 해요. 물은 끊임없이 바다를 향해 흘러가잖아요. 또 물은 여러 가지 모습으로 변할 수도 있어요. 온도에 따라 얼음이 되기도 하고, 수증기가 되기도 하니까요. 이런 까닭에 탈레스는 세상 모든 것이 물에서 생겨났다고 주장했어요.

결론적으로 '만물의 근원은 물이다.'라는 탈레스의 주장은 틀렸어요. 그렇다고 탈레스의 주장이 전혀 쓸데없는 것은 아니에요. 과학은 여러 가지 주장을 바탕으로 차곡차곡 발전하거든요.

요즘 과학자들은 세상 모든 것을 이루는 기본 요소가 원소라는 걸 잘 알고 있어요. 수소와 탄소, 산소 같은 그런 요소를 흔히 원소라고 하지요. 원소가 어느 날 갑자기 알려진 것은 아니에요. 오랜 세월 수많은 사람들의 노력으로 하나둘씩 밝혀진 거예요. 탈레스는 맨 처음 그런 노력을 한 사람이었어요. 그래서 요즘 사람들은 탈레스를 두고 이렇게 말한답니다.

"최초의 과학자는 바로 탈레스입니다."

만물의 근원은 무엇일까?

옛 그리스에서는 탈레스의 뒤를 이어 뛰어난 자연 철학자들이 많이 나타났어요.

아낙시메네스는 탈레스의 뒤를 이어 밀레투스에서 활약하던 철학자예요. 아낙시메네스는 '공기'가 만물의 근원이라고 주장했어요.

"공기가 짙어지면 물이 되고 더욱 짙어지면 흙이 되며, 그와 반대로 공기가 옅어지면 불이 된답니다."

헤라클레이토스는 '불'이 만물의 근원이라고 주장했어요.

"불은 타오르고 꺼지기를 되풀이하는데, 그때 물과 흙과 공기 같은 만물이 생겨난답니다."

엠페도클레스는 만물의 근원을 이루는 물질이 네 가지라고 주장했어요.

"세상은 물과 불과 공기와 흙, 네 가지로 이루어져 있답니다."

엠페도클레스의 이 가설을 4원소설이라고 불러요. 아리스토텔레스는 4원소설을 더욱 발전시켰어요. 그 결과 거의 2천 년 동안 4원소설을 진리로 믿어 왔답니다.

또 다른 자연 철학자인 데모크리토스는 세상 모든 것이 아주 작은 알갱이로 이루어져 있다고 주장했어요.

"더 이상 나누어지지 않는 이 작은 알갱이가 원자입니다."

요즘 과학자들은 물질을 이루는 기본 알갱이를 '원자'라고 불러요. 바로 데모크리토스의 원자로부터 유래한 거랍니다.

지구가 우주의 중심에 있다는 주장이 '지구 중심설'이에요. 지구 중심설은 지구는 멈춰 있고 하늘이 움직인다는 뜻에서 흔히 '천동설'이라고 해요. 옛 그리스의 철학자 아리스토텔레스는 천동설을 가장 먼저 주장한 사람 중 하나예요.

"우주의 중심에 지구가 있어. 태양과 달과 모든 별은 지구 둘레를 돌고 있고."

하지만 아리스토텔레스보다 70년쯤 늦게 태어난 아리스타르코스는 '태양 중심설'을 주장했어요.

"태양은 지구보다 훨씬 크고 밝아. 큰 태양이 작은 지구 둘레를 돌고 있다니 뭔가 이상하지 않아? 작은 지구가 큰 태양 둘레를 도는 게 더 자연스럽지 않을까? 나는 태양이 우주의 중심이고, 지구는 태양 둘레를 도는 행성 중 하나일 뿐이라고 생각해."

태양 중심설은 지구가 움직인다는 뜻에서 '지동설'이라고도 해요.

지동설이 등장했으니 천동설은 당연히 사라졌을 거라고요? 그렇지 않아요. 많은 사람들은 아리스토텔레스로부터 무려 2천 년 동안 천동설을 믿었어요. 지동설을 주장하는 사람들은 오히려 핍박을 받았지요.

그런데 지금으로부터 500년 전쯤, 한 사람이 용감하게 천동설에 반기를 들었어요. 오랜 세월 잊었던 아리스타르코스의 지동설을 다시 일깨운 거예요. 그 사람은 바로 천문학자 '코페르니쿠스'였어요.

천동설에 의심을 품은 천문학자

코페르니쿠스는 1473년에 폴란드의 토룬이라는 도시에서 태어났어요. 부유한 상인이었던 아버지는 코페르니쿠스가 열 살 때 돌아가셨어요.

"난 네 외삼촌이야. 이제부터 나하고 같이 살자꾸나."

외삼촌은 가톨릭 교회의 신부였어요. 코페르니쿠스는 외삼촌의 보살핌을 받으며, 학교를 다닐 수 있었어요. 열여덟 살에 크라쿠프 대학에 들어간 코페르니쿠스는 천문학에 푹 빠졌어요.

"난 네가 나처럼 신부가 되었으면 해. 이탈리아의 볼로냐 대학에 가서 교회법을 더 공부해 보렴."

코페르니쿠스는 외삼촌의 바람대로 볼로냐 대학에 들어갔어요. 그렇다고 천문학과의 인연이 끊어진 건 아니었어요. 유명한 천문학자인 노바라 교수의 제자가 되었거든요. 코페르니쿠스는 볼로냐 대학에서 천동설을 공부했어요.

천동설에서는 하늘에서 이리저리 왔다 갔다 움직이는 별에 대해 이렇게 설명했어요.

"행성은 작은 원을 그리면서 지구 둘레를 돌고 있어요. 그래서 왔다 갔다 움직이는 방향이 다르답니다."

코페르니쿠스는 이 설명을 듣고 마음속에 한 가지 의문이 생겨났

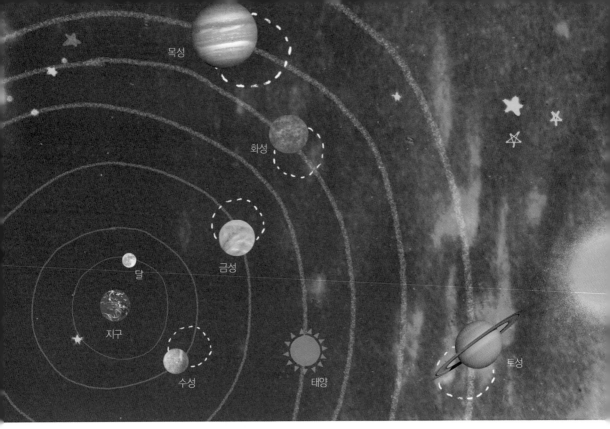

목성

화성

금성

달

지구

수성

태양

토성

천동설을 주장했던 과학자들은 수성, 금성, 화성, 목성, 토성 같은 행성들이
작은 원을 그리면서 지구 둘레를 돌고 있다고 생각했어요.

어요.

　"행성이 작은 원을 그리며 빙글빙글 돌면서 지구 둘레를 돈다고?

정말 이렇게 복잡할까?"

우주의 중심에서 밀려난 지구

　코페르니쿠스가 볼로냐 대학에 있을 때, 옛 그리스 철학자 아리스타르코스를 알게 되었어요. 아리스타르코스는 태양과 달의 크기를 재고, 태양이 지구보다 훨씬 크다는 걸 알아냈지요.

"그 옛날에 태양의 크기를 쟀다니 정말 대단한 사람이야."

코페르니쿠스는 아리스타르코스의 이야기에 푹 빠졌어요.

아리스타르코스는 우주의 중심은 지구가 아니라 태양이라고 주장했어요. 또 별이 하루에 한 번 밤하늘을 이동하고, 별자리가 계절에 따라 달라지는 것은 지구가 스스로 돌면서(자전) 태양 둘레를 돌기(공전) 때문이라고 주장했지요.

"지동설은 행성이 이리저리 움직이는 까닭도 잘 설명할 수 있을까?"

코페르니쿠스는 지구와 화성의 움직임을 그려 가며 그 까닭을 찾으려고 노력했어요.

지구와 화성은 태양 둘레를 거의 일정한 빠르기로 돌고 있어요. 하지만 화성은 지구보다 바깥에서 태양 둘레를 돌아요. 때문에 어떤 때는 지구가 화성보다 느리게 가는 것처럼 보이기도 하고, 어떤 때는 지구가 화성보다 빠르게 가는 것처럼 보이기도 해요. 화성이 지구를 앞

자전이란? 천체가 팽이처럼 축을 중심으로 뱅그르르 회전하는 운동이에요. 지구는 남극과 북극을 잇는 축을 중심으로 하루 동안 한 바퀴 돌아요.

공전이란? 천체가 다른 천체의 주위를 도는 운동이에요. 지구는 태양의 주위를 1년 동안 한 바퀴 돌아요.

설 때와 지구가 화성을 앞설 때 화성의 움직이는 방향이 다르게 느껴지겠지요?

"우주의 중심은 지구가 아니라 태양이다."

코페르니쿠스는 지동설로 행성의 움직임을 명료하게 설명할 수 있다는 사실을 알고 기뻐했어요.

코페르니쿠스는 주변 사람들에게 지구가 태양의 주변을 돈다고 설

지구와 화성은 같은 방향으로 움직여. 하지만 화성이 지구보다 더 바깥에서 태양 둘레를 돌기 때문에 어떤 때는 뒤로 움직이는 것처럼 보이기도 하지.

명했어요. 그러자 주변 사람들이 말했지요.

"지구가 태양 둘레를 도는 행성에 지나지 않는다니, 정말 놀라운 주장이군요! 그 사실을 책으로 써서 널리 알려야 하지 않을까요?"

코페르니쿠스는 지동설이 옳다는 걸 확신했어요. 그럼에도 불구하고 책으로 내는 것은 망설였어요. 지동설로 설명하지 못하는 문제들도 아직 많았거든요.

무엇보다 지동설 때문에 교회에 맞선다는 오해를 받고 싶지 않았죠. 그때에는 하느님이 창조하

지구 중심의 천동설?

신 우주의 모습이 천동설에서 설명하는 우주와 같았거든요. 지구가
우주의 중심이라는 거였지요. 따라서 지동설은 교회의 가르침에 맞서
는 이론이었어요.

1539년 봄, 독일에서 레티쿠스라는 젊은 수학자가 코페르니쿠스를
찾아와 제자가 되었어요.

"코페르니쿠스 선생님의 지동설은 꼭 책으로
나와야 합니다."

레티쿠스는 코페르니쿠스가 연구한 내용을 모아 책으로 펴냈어요. 그 책이 바로 〈천구의 회전에 관하여〉예요. 1543년 5월 24일, 코페르니쿠스는 병상에서 자신의 책 한 권을 가슴에 품은 채 평화롭게 눈을 감았답니다.

행성은 타원을 그리며 태양 주위를 돌아요!

행성들은 움직이는 방향도 다르지만, 빠르기도 달라요. 어떤 때는 빠르게 움직이고 어떤 때는 느리게 움직이거든요.

행성의 빠르기는 왜 달라지는 걸까요? 천동설과 지동설 모두 이 문제를 시원하게 해결하지 못했어요. 그 문제를 해결한 사람은 코페르니쿠스보다 100년쯤 늦게 태어난 독일의 천문학자 '케플러'였어요. 옛날 천문학자들은 행성이 원을 그리며 움직인다고 생각했어요. 하지만 케플러는 생각이 달랐어요.

"행성은 동그란 원이 아니라 길쭉한 타원을 그리며 태양 둘레를 돌아. 때문에 행성과 태양 사이의 거리는 끊임없이 달라지고, 그때마다 행성이 움직이는 속도도 달라지지."

행성과 태양 사이의 거리가 멀 때에는 행성이 느리게 움직여요. 행성과 태양 사이의 거리가 가까울 때에는 행성이 빠르게 움직이고요. 코페르니쿠스의 지동설은 이처럼 케플러 같은 천문학자들의 노력으로 더욱 완전한 모습을 갖추어 갔답니다.

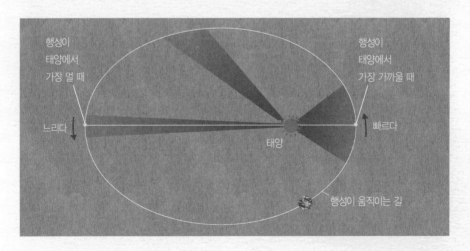

코페르니쿠스가 죽은 후에도 많은 과학자들은 아리스토텔레스 편이었어요. 교회가 천동설을 지지한 데다가 지동설로 설명하지 못하는 것이 아직 많이 남아 있었기 때문이에요.

"손에 돌을 쥐고 아래로 떨어뜨려 보세요. 지구가 움직인다면 돌은 뒤쪽에 떨어질 거예요. 돌이 공중에 머무는 동안 지구가 이동할 테니 말이에요. 하지만 돌은 똑바로 떨어져요. 그건 지구가 꼼짝하지 않고 서 있다는 증거예요."

코페르니쿠스 편에 선 과학자들은 이런 질문에 답할 수가 없었어요. 또 코페르니쿠스의 지동설을 이렇게 반박하는 과학자도 있었어요.

"지구가 행성이라고요? 그럼 어째서 달을 가지고 있나요? 지구가 태양 둘레를 도는 행성이라면 다른 행성과 큰 차이가 없어야 해요. 지구만 달을 가지고 있다면 그건 지구가 특별하다는 뜻이잖아요."

지동설이 옳다는 걸 증명하려면 이런 의문에 시원하게 설명할 수 있어야 했어요. 아니면 코페르니쿠스가 애써 되살린 지동설은 다시 잊혀질 수밖에 없었지요. 이럴 때 이탈리아의 과학자 '갈릴레이'가 지동설에 큰 힘을 실어 주었어요.

아리스토텔레스에 맞선 진짜 과학자

1564년, 이탈리아 토스카나 지방의 피사 마을에서 한 사내아이가 태어났어요. 그 아이의 아버지는 유명한 작곡가 빈첸초 갈릴레이었어요.

"아들아, 네 이름을 갈릴레오라고 지었단다. 넌 이제부터 갈릴레오 갈릴레이야."

토스카나 지방에서는 맏아들에게 성과 비슷한 이름을 지어 주는 풍습이 있었어요.

얼마 후 남동생 하나와 여동생 둘이 더 태어났어요. 아버지는 아이들 양육비 때문에 형편이 어려워지자, 맏아들 갈릴레이에게 말했어요.

"넌 똑똑하니까 의학을 공부하는 게 좋겠다. 의사가 돈을 잘 버니까 집에도 도움이 될 거야."

갈릴레이는 아버지 뜻에 따라 열일곱 살에 피사 대학에 들어가 의학을 공부했어요. 하지만 의학 공부는 고리타분했어요. 교수들은 아리스토텔레스 때부터 내려오던 옛날 지식을 아무런 의심 없이 가르쳤을 뿐이에요. 갈릴레이는 새로운 지식을 배우고 싶었어요.

"아버지, 아무래도 의학 공부를 그만둬야겠어요. 앞으로 수학과 물리학을 공부하려고 해요."

갈릴레이의 아버지는 더 이상 아들의 뜻을 막을 수가 없었어요.

갈릴레이는 공부를 계속해서 피사 대학을 거쳐 파도바 대학의 교수가 되었어요. 그때부터 무려 18년 동안 파도바 대학에 머물며 많은 연구 성과를 냈지요.

갈릴레이는 코페르니쿠스의 지동설이 옳다고 생각했어요. 갈릴레이는 지동설을 지지하는 증거들을 하나하나 밝혀 나갔어요.

갈릴레이는 커다란 배를 타고 가는 상상을 했어요. 한 선원이 그 배의 돛대 꼭대기에서 돌을 하나 떨어뜨려요. 돌은 돛대 바로 밑에 떨어졌어요. 돌이 어째서 돛대의 뒤쪽에 떨어지지 않았을까요? 돌이 공중에 머무는 동안 배는 앞으로 나아갔는데 말이에요.

"손에 쥔 돌은 배와 같은 속도로 이동하고 있어. 따라서 손에서 돌을 놓았을 때 돌은 앞으로 날아가며 떨어져. 돌을 던졌을 때처럼 말이야. 그 동안 배도 앞으로 나아가지. 그 결과 돌은 돛대 바로 밑에 떨어지는 거야. 돌이 날아간 거리와 배가 나아간 거리가 같거든."

지구에 사는 사람과 그 사람이 손에 쥔 돌도 지구와 같은 속도로 이동하고 있어요. 그래서 우리가 손에 쥔 돌을 아래로 떨어뜨리면 그 돌이 뒤로 처지지 않고 똑바로 떨어지는 거랍니다.

망원경으로 발견한 지동설의 여러 증거들

1608년, 네덜란드의 안경 기술자 리페르스헤이는 렌즈를 이용해 망원경을 만들었어요. 망원경은 흔히 먼 경치를 가깝게 보여 주는 도구예요. 갈릴레이는 그 소식을 듣고 아주 흥분했어요.

"망원경으로 물체를 크게 볼 수 있다니 정말 대단하군. 나도 한번 만들어 봐야겠어."

갈릴레이는 손재주가 뛰어났어요. 여러 번 시도 끝에 1609년, 물체를 30배나 더 크게 볼 수 있는 망원경을 만들었답니다. 갈릴레이는 망원경으로 경치를 보는 대신 밤하늘을 보았어요. 망원경으로 달과 행성과 별을 처음 관찰한 사람이 바로 갈릴레이예요.

망원경으로 달을 본 갈릴레이는 깜짝 놀랐어요. 달 표면이 울퉁불

달은 그 전까지 그저 밝게
빛나는 줄 알았어요.
하지만 갈릴레이가 망원경으로
본 달은 표면이 울퉁불퉁했어요.

갈릴레이는 태양에서 흑점을 찾아냈어요.
흑점은 다른 곳보다 온도가 낮아서 검게 보이는 거예요.

통하게 보였거든요. 높은 산처럼 보이는 곳도 있었고, 넓은 들처럼 보이는 곳도 있었어요.

갈릴레이는 망원경으로 태양도 보았어요. 태양 표면에서 흑점을 발견하기도 했지요. 망원경으로 태양을 볼 때에는 햇빛을 줄여 주는 필터를 끼워야 해요. 필터를 끼우지 않으면 햇빛이 아주 강해 눈이 상해요. 필터는 선글라스처럼 눈을 보호해 준답니다.

갈릴레이는 코페르니쿠스의 지동설에 더욱 믿음이 갔어요. 하지만 지동설의 약점은 아직 많이 남아 있었어요. 지구가 행성이라면 왜 지구에만 달이 있느냐는 문제도 그 중 하나였어요.

1610년, 갈릴레이는 망원경으로 목성을 들여다보았어요.

"아니, 저게 뭐지? 목성 주변에 작은 별이 있잖아."

갈릴레이는 목성 주변에서 작은 별을 네 개 발견했어요. 더구나 그 별들의 위치는 매일 조금씩 바뀌었어요. 목성의 왼쪽에 보이기도 하고 목성의 오른쪽에 보이기도 했답니다. 갈릴레이는 그 별의 정체를 밝히려고 숱한 밤을 지새우며 망원경을 들여다보았어요.

"저 별들의 정체는 무엇일까? 보통 별들이라면 위치가 바뀌지 않을 텐데 말이야. 옳지! 저건 목성의 둘레를 도는 위성들이 확실해. 목성 둘레를 도는 동안 왼쪽에 보이기도 하고 오른쪽에 보이기도 했던 거야."

행성의 둘레를 도는 천체를 흔히 '위성'이라고 불러요. 지구 둘레에도 위성 하나가 돌고 있어요. 바로 달이에요. 갈릴레이가 발견한 것은 목성의 달이었어요.

그 동안 목성의 달을 본 사람은 아무도 없었어요. 목성의 달은 맨눈에는 보이지 않거든요. 망원경이 없었다면 갈릴레이도 목성의 달을 발견할 수 없었을 거예요.

"지구도 달을 가지고 있고 목성도 달을 가지고 있어. 그건 지구가 특별한 천체가 아니라는 증거야. 이제 어째서 지구만 달을 가지고 있냐는 주장도 더 이상 소용없어. 음, 지동설의 약점 하나가 또 해결되었군."

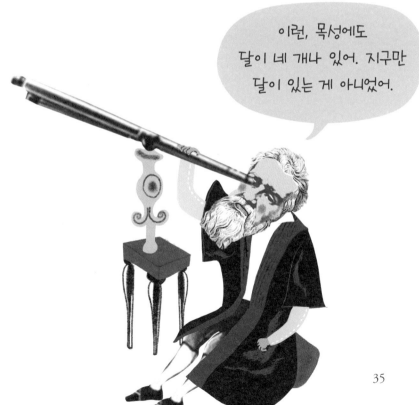

이런, 목성에도 달이 네 개나 있어. 지구만 달이 있는 게 아니었어.

360년 만에 사과한 로마 교황청

갈릴레이는 자신이 발견한 지동설의 증거를 책으로 써서 세상에 알려야겠다고 생각했어요. 그 책이 바로 1632년에 나온 〈두 우주 체계에 관한 대화〉예요. 여기에서 두 우주 체계란 천동설과 지동설을 뜻한답니다.

이 책 덕분에 지동설을 믿는 사람들이 점점 늘어났어요. 하지만 갈릴레이는 도리어 큰 어려움을 겪게 되었어요. 교회의 가르침을 어겼다는 죄로 종교 재판소에 끌려갔거든요.

갈릴레이는 지동설을 주장한 죄로 종교 재판을 받았어요. 갈릴레이는 비록 재판에서는 자기 주장을 굽혔지만, 지구가 태양 주위를 돈다고 확실히 믿었어요.

재판관들은 갈릴레이에게 지동설을 포기하라고 강요했어요. 그렇지 않으면 목숨을 잃을지도 몰랐어요. 갈릴레이는 재판정에서 무릎을 꿇고 이렇게 말했어요.

"저는 다시는 이런 불온한 글을 발표하지 않을 것을 약속합니다."

하지만 갈릴레이가 정말 지동설을 포기한 것은 아니에요. 갈릴레이는 재판정을 나오며 이렇게 중얼거렸어요.

"그래도 지구는 돈다."

1992년 10월 31일, 로마 교황청은 1633년에 갈릴레이에게 내린 판결이 잘못되었다고 발표했어요. 지동설이 옳다는 갈릴레이의 믿음이 유죄 판결을 받은 지 360년 만이었답니다.

토성은 고리로 둘러싸여 있어요.

갈릴레이가 숨을 거두기 13년 전, 갈릴레이보다 더 좋은 망원경을 만든 과학자가 태어났어요. 바로 네덜란드의 유명한 천문학자 '호이겐스'예요.

1655년 3월 25일, 호이겐스는 망원경으로 토성을 보았어요.

"음, 토성 주변에 작은 별이 하나 보이는군. 이 별이 뭘까?"

호이겐스는 이 별을 세 달 동안 끈질기게 관측했어요. 그리고 이 별이 토성의 위성이라고 결론지었지요. 목성뿐 아니라 토성도 달을 가지게 된 거예요. 나중에 토성의 달은 '타이탄'이라는 이름으로 불리게 되었지요..

호이겐스는 이듬해에 토성의 고리를 발견했어요.

"우아, 토성은 납작하고 얇은 고리로 둘러싸여 있어!"

사실 갈릴레이도 토성의 고리를 발견하긴 했어요. 하지만 갈릴레이는 토성의 고리가 위성인 줄 알았어요. 갈릴레이의 망원경에서는 토성의 고리가 뭉툭하게 보였거든요.

호이겐스의 망원경은 갈릴레이의 것보다 훨씬 좋았어요. 그래서 호이겐스는 토성의 고리가 위성이 아니라는 걸 확신했지요.

고리로 둘러싸인 토성

모든 물체는 서로
끌어당긴다.

- 뉴턴

과학은 아리스토텔레스의 그늘을 벗어나려는 노력과 함께 발전했어요. 코페르니쿠스의 지동설도 그런 노력 가운데 하나였지요. 갈릴레이 덕분에 많은 사람들이 지동설을 믿게 되었고, 아리스토텔레스의 천동설은 점점 힘을 잃었지요. 하지만 아직 아리스토텔레스의 그늘을 벗어나지 못한 것들이 많이 남아 있었어요. 물체의 운동이 그랬어요.

"왜 어떤 것은 땅으로 떨어지고, 어떤 것은 하늘로 올라갈까?"

돌은 위로 아무리 힘껏 던져도 땅으로 떨어지고 말아요. 물도 아래쪽으로 흐르지요. 하지만 뜨거운 공기와 불은 하늘로 솟아올라요. 이런 의문에 아리스토텔레스는 이렇게 답했어요.

"돌이나 물처럼 무거운 것은 지구의 중심으로 가려는 성질을 가지고 있어. 공기와 불처럼 가벼운 것은 지구의 중심에서 벗어나려는 성질을 가지고 있고."

아리스토텔레스는 땅 위의 물체는 위아래로 움직이는 직선 운동을 하지만, 하늘의 물체는 원운동을 한다고 생각했어요. 그래서 달과 별들이 땅으로 떨어지지 않고 영원히 지구 둘레를 돈다는 거였지요.

아리스토텔레스의 잘못을 가장 많이 지적한 갈릴레이도 물체의 운동 원리까지는 제대로 설명할 수가 없었어요. 갈릴레이가 세상을 떠나고 1년이 채 지나지 않았을 때 영국에서 갈릴레이의 뒤를 잇는 위대한 과학자가 태어났어요. 모든 물체의 움직임을 아주 정확하게 설명할 수 있었던 그 과학자는 바로 '뉴턴'이었어요.

물체가 서로 끌어당기는 힘

뉴턴은 영국 울즈소프라는 곳에서 1642년에 태어났어요. 칠삭둥이로 태어난 뉴턴은 몸집이 아주 작았어요.

"어머나, 아기가 너무나 작아서 1리터짜리 컵에도 들어가겠는걸."

뉴턴의 아버지는 뉴턴이 태어나기 세 달 전에 돌아가셨어요. 그래서 뉴턴은 세 살부터 의붓아버지와 함께 살았지요. 뉴턴은 의붓아버지를 아주 미워했어요. 성격도 점점 비뚤어져서 외톨이가 되어 갔어요. 다행히 뉴턴에게도 좋아하는 것이 있었어요. 그것은 바로 수학과 물리학이었어요.

"내 친구는 플라톤과 아리스토텔레스 같은 옛 그리스의 위대한 철학자들이야. 난 결혼도 하지 않고 평생 이들처럼 진리를 탐구하겠어!"

뉴턴이 집을 떠나 케임브리지 대학에 다니던 1665년, 영국에서는 페스트라는 병이 크게 퍼졌어요. 흔히 흑사병이라고도 불리는 페스트는 짧은 시간에 많은 사람을 죽게 만드는 아주 무서운 전염병이었어요. 뉴턴은 페스트를 피해 집으로 돌아올 수밖에 없었지요.

"복잡한 도시보다 한적한 시골이 더 좋군. 혼자 산책하며 많은 생각도 할 수 있고 말이야."

어느 날, 뉴턴이 저녁 식사를 마치고 사과 농장에서 차를 마시며 깊은 생각에 잠겼을 때였어요. 갑자기 나무에 달린 사과 하나가 땅바닥에 쿵 떨어졌어요. 뉴턴은 깜짝 놀라 그 사과를 바라보았어요.

 '사과가 어째서 저절로 떨어진 걸까? 사과를 따려면 힘을 주어야 하잖아. 혹시 지구가 사과를 끌어당긴 건 아닐까? 지구가 사과를 끌어당긴다면 다른 모든 물체도 끌어당기는 걸까? 저 하늘에 떠 있는 달도 지구가 끌어당기는 걸까?'

 사과 한 개에서 시작된 뉴턴의 생각은 꼬리에 꼬리를 물고 이어졌어요.

 '땅에 떨어진 사과를 들어 올릴 때에는 힘을 주어야 하잖아? 맞아, 그건 지구가 사과를 끌어당기고 있기 때문이야. 돌을 들어 올릴 때에는 더 큰 힘을 주어야 해. 그건 지구가 돌을 더 세게 끌어당기고 있다는 뜻이고.'

 지구가 사과보다 돌을 더 세게 끌어당긴다는 것은 사과보다 돌이 더 무겁다는 뜻이에요. 뉴턴은 사과보다 돌이 더 무거운 건 사과의 질량보다 돌의 질량이 더 크기 때문이라고 생각했어요.

 뉴턴의 생각은 여기서 그치지 않았어요.

질량이란? 물체가 가지고 있는 고유의 양이에요. 질량에도 크기가 있는데, 질량의 크기는 물체를 밀어 보면 알 수 있어요. 어떤 물체는 작은 힘으로 밀어도 쉽게 움직이고, 어떤 물체는 큰 힘으로 밀어도 쉽게 움직이지 않아요. 질량이 큰 물체일수록 움직이기 어려워요. 따라서 질량은 물체를 움직이기 어려운 정도라고 할 수 있지요.

'모든 물체는 질량을 가지고 있어. 사과와 돌은 물론 지구도 질량을 가지고 있지. 그럼 지구가 사과와 돌을 끌어당기는 것처럼 사과와 돌도 지구를 끌어당기겠군.'

이런 힘을 만유인력 혹은 중력이라고 해요. 여기에서 '만유'란 '어디에나 있다.'는 뜻이에요. 또 '인력'이란 '끌어당기는 힘'이라는 뜻이지요. 만유인력을 한 마디로 요약하면 이런 뜻이랍니다.

"모든 물체는 서로 끌어당긴다."

지구와 지구 위의 사물들은 서로 끌어당기고 있어. 다만 지구가 끌어당기는 힘이 더 크기 때문에 땅으로 떨어지는 거야.

뉴턴이 밝혀 낸 지구와 달의 수수께끼

　힘을 전달하려면 두 물체가 서로 닿아 있어야 해요. 돌을 들어 올리려면 돌에 손을 대어야 하잖아요. 하지만 만유인력은 서로 닿지 않은 물체 사이에서도 전달될 수 있어요. 멀리 떨어져 있는 지구와 달이 서로 끌어당기는 것처럼 말이에요.

　옛날 사람들은 뉴턴이 주장하는 만유인력이 정말 이상한 힘이라고 의심했어요.

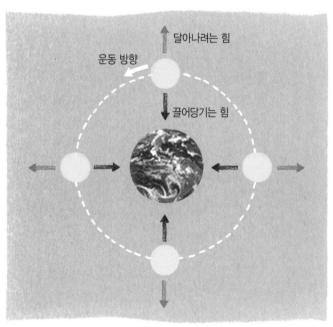

지구와 달이 서로 끌어당기는 힘과, 달이 달아나려는 힘은 크기가 같아요.
그래서 달은 지구 둘레를 도는 거예요.

"지구와 달도 서로 끌어당긴다고 했잖소. 그런데 달은 어째서 지구로 떨어지지 않는 거요?"

이 질문에 뉴턴은 이렇게 답했어요.

"달은 지구 둘레를 돌고 있잖아요. 달처럼 어떤 물체의 둘레를 빙글빙글 도는 물체에는 바깥으로 달아나려는 힘이 작용해요. 이 힘은 지구가 달을 끌어당기는 힘과 맞서고 있어요. 그래서 달은 지구로 떨어지지도 않고 지구로부터 달아나지도 못해요. 그냥 지구 둘레를 빙글빙글 돌기만 할 뿐이랍니다."

옛날 사람들은 신이 우주 만물을 창조했으며, 우주 만물은 신이 정한 규칙에 따라 움직인다고 믿었어요. 물론 사람은 그 규칙을 알 수가 없다고 생각했지요. 그런데 뉴턴은 우주 만물이 움직이는 원리를 밝혀낸 거예요. 그런 뉴턴에 대해 사람들은 이렇게 말했어요.

"뉴턴은 신에게 가장 가까이 다가간 사람이다!"

뉴턴이 알아낸 중력 법칙은?

1687년, 뉴턴은 세상에서 가장 소중한 과학책 〈프린키피아〉를 써서 발표했어요. 이 책에는 뉴턴이 알아낸 중력 법칙 세 가지가 실려 있어요.

"첫째, 모든 물체 사이에는 서로 끌어당기는 힘, 즉 중력이 작용해."

중력은 지구와 사과 사이에서도 작용하고, 지구와 달 사이에서도 작용해요.

"둘째, 중력의 크기는 물체의 질량이 클수록 커져."

질량이 두 배면 중력의 크기도 두 배가 되고, 질량이 세 배면 중력의 크기도 세 배가 되지요.

"셋째, 중력의 크기는 물체 사이의 거리가 멀어질수록 줄어들어."

물체 사이의 거리가 두 배 늘어나면 중력의 크기는 4분의 1로 줄어들고, 물체 사이의 거리가 세 배 늘어나면 중력의 크기는 9분의 1로 줄어들지요.

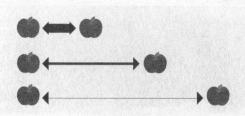

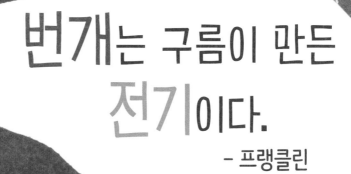

옛 그리스는 과학의 나라이기도 하고, 신화의 나라이기도 했어요. 많은 사람들은 올림포스의 신들이 세상 모든 것을 만들었다고 믿었어요. 신들은 비를 내려 농사를 도와주고, 번개를 내리쳐서 사람들의 잘못을 꾸짖었어요. 번개는 최고의 신 제우스가 화가 나서 땅을 향해 던지는 불꽃 창이라고 생각했지요.

하지만 그렇게 생각하지 않는 사람들도 있었어요. 그 사람들은 자연에서 일어나는 여러 가지 일들을 올바르게 설명하려고 노력했어요. 최초의 과학자 탈레스도 그랬어요.

"호박을 털가죽에 문지르면 호박에 먼지나 머리카락, 깃털이 달라붙는 신기한 일이 일어납니다."

탈레스도 호박에 왜 먼지와 머리카락이 달라붙는지 설명할 수는 없었어요. 다만 호박이 어떤 힘을 가지고 있다고 생각했지요.

사실 호박에 먼지와 머리카락이 달라붙는 건 전기 때문에 나타나는 현상이에요. 또 번개도 제우스의 불꽃 창이 아니라 전기 현상이지요. 요즘엔 모두 아는 이 간단한 사실이 밝혀지기까지는 아주 오랜 시간이 걸렸어요. 탈레스가 세상을 떠난 뒤 2천3백 년이 더 지나서야 미국의 과학자 '프랭클린'이 번개의 정체를 밝혔답니다.

호박이란 나무에서 나오는 끈적끈적한 액체가 오랜 시간 동안 땅속에서 단단하게 굳어서 만들어진 보석이에요. 호박은 빛이 곱고 아름다워 옛날부터 장신구로 만들어 썼어요.

번개 사냥에 나선 인쇄공

프랭클린은 미국 보스턴에서 태어났어요. 프랭클린의 아버지는 두 명의 부인으로부터 모두 열일곱 명의 아이를 얻었어요. 프랭클린은 그 중 열다섯 번째 아이였어요. 집안 형편이 어려워서 프랭클린은 열 살에 학교를 그만두고, 열두 살부터 형의 인쇄소에서 일했어요.

인쇄소는 신문과 책을 만드는 곳이어서 읽을거리가 많았어요. 프랭클린은 그곳에서 인쇄 기술을 배우면서 공부도 하고 글쓰기 실력도 키웠어요. 인쇄소는 프랭클린의 일터이자 학교였지요.

프랭클린은 열일곱 살 때 필라델피아로 갔어요. 새로운 곳에서 꿈을 펼치겠다는 각오로 고향을 떠난 거예요. 프랭클린은 필라델피아에서 인쇄소 사업으로 크게 성공했어요. 덕분에 국민의 대표인 하원 의

프랭클린은 어려서부터 인쇄소에서 일했어요. 인쇄소는 프랭클린의 일터이자 학교였어요.

원으로 임명되어 정치가로도 이름을 떨치게 되었지요. 하지만 프랭클린의 마음 한구석에서는 무언가 허전함이 사라지지 않았어요.

"이제 내가 좋아하는 과학 실험을 하고, 새로운 장치도 발명하고 싶어."

프랭클린은 마흔두 살에 대리인에게 사업을 맡긴 채 과학 실험과 발명에 푹 빠졌어요. 그때 프랭클린의 관심을 끈 것이 전기였어요.

자석에 N극과 S극이 있는 것처럼 전기에는 양(+)과 음(-)이 있어요. 그걸 처음 생각한 사람이 프랭클린이에요. 전기를 잘 통하는 물체를 '도체'라고 하지요? 이 말을 처음 만든 사람도 프랭클린이랍니다.

프랭클린은 전기에 대해 점점 자신감이 붙었어요. 그리고 이제까지 누구도 꿈꾸지 못한 엄청난 실험을 준비하기 시작했지요.

"번개도 틀림없이 전기 때문에 일어나는 현상일 거야. 그걸 내가 증명해 보이겠어."

사실 프랭클린 이전에도 번개가 전기 때문에 일어나는 현상이라고 생각하는 사람들이 꽤 있었어요. 하지만 번개가 전기임을 밝히는 실험은 아주 위험했어요. 자칫하다가 목숨을 잃을 수도 있었죠. 게다가 번개가 전기라는 걸 밝힐 방법도 마땅치 않았어요.

그런데 1746년에 네덜란드 라이덴 대학의 뮈스헨브루크라는 과학자가 전기를 담을 수 있는 유리병을 만들었어요.

어느 날, 뮈스헨브루크는 유리병에 물을 채운 뒤 유리병이 전기를 띠도록 만들었어요. 그리고 한 손으로 유리병을 잡은 채 무심코 다른 손에 들고 있던 철사를 유리병 물에 담갔지요. 그 순간, 뮈스헨브루크는 끔찍한 전기 충격을 받고 소스라치게 놀랐어요. 유리병에 괴어 있던 엄청난 양의 전기가 철사를 타고 뮈스헨브루크의 몸을 통해 한꺼번에 흘러나왔던 거예요.

뮈스헨브루크는 이 경험을 바탕으로 많은 양의 전기를 담을 수 있는 장치를 만들었어요. 그 전기 저장 장치가 바로 '라이덴병'이랍니다. 프랭클린은 이 라이덴병을 이용해 번개가 전기라는 걸 증명할 참이었지요.

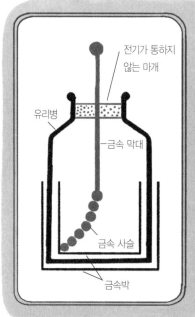

전기가 통하지 않는 마개

유리병

금속 막대

금속 사슬

금속박

라이덴병은 전기를 저장했다가 사용할 수 있도록 한 장치예요. 덕분에 과학자들은 전에는 할 수 없었던 전기에 관한 새로운 실험을 할 수 있었죠. 라이덴병의 발명은 1700년대 전기 분야에 있었던 최대 사건이랍니다. 라이덴병의 유리벽 안쪽과 바깥쪽에는 얇은 금속박이 덧씌워져 있어요. 뚜껑에는 기다란 금속 막대가 꽂혀 있고, 금속 막대 끝에 이어진 금속 사슬은 안쪽 벽에 덧씌워진 금속박에 닿아 있어요. 뚜껑 위로 튀어나온 금속을 타고 들어온 전기는 금속 사슬을 통해 안쪽 금속박으로 흘러들어 와요. 금속은 전기를 잘 통하지만 유리는 전기를 잘 통하지 않기 때문에, 안쪽 금속박의 전기는 유리벽을 지나지 못하고 그대로 잡혀 있을 수밖에 없어요. 라이덴병에 담긴 전기는 다시 뽑을 수도 있어요. 전기가 잘 통하는 금속을 금속 막대 끝에 대면 라이덴병에 담긴 전기가 그 금속을 타고 흘러나와요.

피뢰침을 발명한 번개 사냥꾼

번개는 구름과 구름 사이에서 나타나는 불꽃 줄기예요.

"좋아. 라이덴병에 번개를 담는 거야!"

프랭클린은 드디어 번개 사냥에 힘찬 첫걸음을 내딛었어요.

1752년의 초여름, 필라델피아의 하늘은 우중충했어요. 검은 구름이 높은 탑을 이루며 쌓여 있었고, 공기는 금세라도 비가 내릴 것처럼 축축했지요. 검은 구름 속에서 불꽃이 가끔 환하게 빛을 내며 번쩍거렸어요. 번개가 치고 있는 거였죠.

"연을 날리기에 좋은 날씨는 아니야. 하지만 번개 사냥에는 좋은 날씨군."

프랭클린은 연줄을 풀어 하늘 높이 연을 날렸어요. 연이 하늘 높이 올라갈수록 질긴 명주실로 만든 연줄이 팽팽해졌지요. 연은 검은 구름에 닿을 듯 높이 솟아올라 갔어요. 프랭클린은 손에서 가까운 연줄에 금속 열쇠를 매달았어요.

우르릉 쾅, 우르릉 쾅! 구름 속에서 번개가 번쩍이더니 천둥소리가 땅까지 울려 퍼졌어요. 그러자 연줄 끝부분이 쭈뼛해졌어요. 번개가 연줄을 타고 내려오는 것 같았지요. 프랭클린은 살짝 주먹을 쥐고 손가락의 관절 부분을 열쇠에 댔어요.

타다닥. 열쇠와 손가락 관절 사이에서 불꽃이 튀었어요. 프랭클린은 깜짝 놀라 손을 움츠렸지요.

"아주 찌릿한걸. 이건 전기가 틀림없어."

프랭클린은 가방에서 라이덴병을 꺼냈어요. 그리고 라이덴병 뚜껑 위로 튀어나온 금속 부분을 연줄에 매달린 열쇠에 대었지요.

"드디어 번개를 사로잡았어. 라이덴병에 전기가 가득 담겼을 거야."

프랭클린은 라이덴병의 금속 막대에 뾰족한 금속을 대었어요. 당연히 불꽃이 튀었지요. 그건 라이덴병에 사로잡힌 번개의 정체가 전기임을 증명하는 거였어요.

번개는 전기가 틀림없어. 번개의 불꽃을 라이덴병에 모아서 증명해 보이겠어.

54

"번개는 구름이 만든 전기이다."

　이제 그 누구도 프랭클린의 이 말을 믿을 수밖에 없었어요. 바로 눈앞에서 번개가 전기임을 보여 주었으니까요.

　호박을 털가죽에 문지르는 것처럼 어떤 물체를 다른 물체에 비비면 전기가 생겨요. 이 전기는 흐르지 않고 물체에 정지해 있기 때문에 흔히 '정전기'라고 불린답니다.

　구름은 수많은 얼음 알갱이로 이루어져 있어요. 이 얼음 알갱이들이 바람에 휩쓸리며 서로 부딪칠 때에도 전기가 생겨요. 번개는 구름 속에서 만들어진 이 전기가 한꺼번에 흘러나오는 현상이에요.

　프랭클린은 번개 실험을 하며 그 누구보다 번개의 성질을 잘 알게 되었어요.

　"번개는 끝이 뾰족한 금속에 잘 내리쳐. 그 성질을 이용하면 번개의 피해를 막을 수 있을 거야."

　프랭클린은 높은 건물 꼭대기에 금속 막대를 세우고 가느다란 금속 선을 연결했어요. 금속 선의 한쪽 끝은 땅에 묻었지요. 프랭클린이 처

번개는 끝이 뾰족한 금속에 잘 내리쳐. 피뢰침은 번개를 붙들어서 땅속으로 흘려보내니까 안전하게 집을 지켜줘.

음 만든 이 장치를 '피뢰침'이라고 불러요. 피뢰침은 건물에 떨어지는 번개를 붙들어 땅속으로 흘려보내서 번개로부터 건물을 지켜줘요.

프랭클린은 자연 현상의 원인을 밝히는 데 그치지 않았어요. 더 나아가 자신의 연구로부터 우리 생활을 편리하게 만드는 장치도 만들었지요. 그런 프랭클린이야말로 새로운 시대를 이끈 훌륭한 과학자라고 할 수 있어요.

전지, 전기를 조금씩 꺼내 써요.

라이덴병은 전기 저금통이에요. 전기를 담아 두었다가 꺼내 쓸 수 있으니까요. 하지만 라이덴병에 담은 전기는 조금씩 꺼내 쓸 수는 없어요. 한꺼번에 쏟아져 나오거든요. 필요할 때마다 전기를 조금씩 꺼내 쓰는 장치를 만들 수는 없을까? 고민 끝에 그런 장치를 만든 과학자는 '볼타'였어요.

1792년 볼타는 재미있는 실험을 했어요. 서로 다른 두 종류의 금속을 가까이 놓고 혀를 댄 거예요.

"음, 혀가 찌릿한걸. 이건 두 금속으로부터 흘러나온 전기 때문이야!"

볼타는 이 원리를 이용해 전기를 뽑아 쓰는 장치를 만들기 시작했어요. 볼타는 은과 아연으로 얇고 둥근 판을 만들었어요. 그리고 소금물을 적신 천도 준비했지요.

은판 위에 소금물 적신 천, 그 위에 아연판. 또 그 위에 은판과 소금물 적신 천과 아연판. 볼타는 이런 식으로 은판과 소금물 적신 천과 아연판을 여러 겹 쌓아 올렸어요. 양끝에는 전기가 잘 통하는 금속선을 연결했지요. 결과는 아주 놀라웠어요. 금속선 사이에서 전기가 흘렀지요.

볼타가 만든 장치를 흔히 전지라고 불러요. 탁상시계와 손전등, 라디오, 체중계 등 우리 주변에는 전지를 쓰는 제품이 아주 많아요. 요즘 전지의 구조는 볼타 전지와 많이 달라요. 하지만 그 원리는 다르지 않답니다.

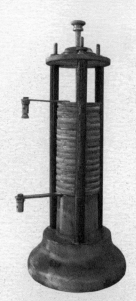

최초의 볼타 전지

'세상은 무엇으로 이루어져 있을까?'

옛날부터 과학자들은 이 문제를 고민했어요.

최초의 과학자 탈레스는 물이 만물의 근원이라고 주장했어요. 물이 모든 것을 이루는 원소라는 거지요. 또 공기가 모든 것을 이루는 원소라고 주장한 사람도 있었고, 불이 모든 것을 이루는 원소라고 주장한 사람도 있었어요.

탈레스가 세상을 떠나고 한참 지났을 때, 원소는 한 가지가 아니고 네 가지라고 주장하는 사람이 나타났어요. 바로 옛 그리스의 철학자 엠페도클레스였어요.

"세상 모든 것은 물과 불과 공기와 흙이라는 네 가지 원소로 이루어져 있어요. 이 네 가지 원소는 다른 것으로 나누어지지 않는 순수한 물질이지요."

엠페도클레스의 이 주장을 흔히 4원소설이라고 불러요.

아리스토텔레스는 4원소설을 더욱 발전시켰어요.

"물은 차갑고 축축한 성질을 가지고 있으며, 불은 뜨겁고 마른 성질을 가지고 있어요. 또 공기는 뜨겁고 축축한 성질을 가지고 있으며, 흙은 차갑고 마른 성질을 가지고 있지요."

아리스토텔레스의 뒷받침 덕분에 4원소설은 오랫동안 꿋꿋이 버텼어요. 하지만 시간이 흘러 4원소설이 틀렸다는 증거를 내보이는 과학자들이 하나둘씩 나타나기 시작했어요. 그런 과학자 가운데 한 사람이 바로 '라부아지에'였어요.

4원소설에 맞선 천재 화학자

라부아지에는 1743년 8월 26일, 프랑스 파리의 아주 부유한 변호사 집안에서 태어났어요. 다섯 살 때 어머니가 돌아가신 뒤에 라부아지에는 외할머니 댁에서 살았어요.

라부아지에는 열한 살 때부터 콜레주 마자랭이라는 학교에 다녔어요. 학교에 다니면서 점점 과학 공부에 빠져들었어요.

"화학, 식물학, 천문학……. 난 과학이라면 다 재미있어. 물론 수학도 재미있지."

라부아지에는 유명한 수학자이자 천문학자였던 라카이유 선생님의 영향을 많이 받았어요.

"라부아지에 군, 날씨 변화를 조사하는 기상학도 공부해 두면 좋을걸세."

라부아지에는 콜레주 마자랭에서 모두 7년 동안이나 공부했어요. 하지만 아쉽게도 콜레주 마자랭을 졸업하면서 과학 공부를 그만두어야 했지요.

"얘야, 너도 내 뒤를 이어 변호사가 되면 좋겠구나."

아버지의 뜻에 따라 법률 공부를 시작했기 때문이에요. 졸업 후에 라부아지에는 공직자가 되어 세금을 징수하는 일을 담당했어요. 그러면서도 과학에 대한 열정만은 놓지 않았답니다.

"내가 정말 좋아하는 건 과학이야. 난 계속 과학 공부를 하겠어. 또 누구보다 뛰어난 과학자가 될 거야."

라부아지에는 실험을 아주 중요하게 생각했어요. 성격도 매우 꼼꼼했지요. 물체의 부피와 질량도 몇 번이나 되풀이해서 꼼꼼하게 쟀어요. 주변에서 답답한 사람이라고 수군거리면 라부아지에는 이렇게 대꾸했어요.

"뛰어난 과학자는 실험을 잘 하는 사람이에요. 또 실험을 잘 하려면 무엇이든 정확하게 재어야 하고요. 부피와 질량 같은 것을 정확하게 재지 않으면 실험을 망치고 말아요."

당시 4원소설을 주장하는 실험으로 이런 게 있었어요.

"유리그릇에 물을 넣고 오랫동안 끓여 보세요. 찌꺼기가 가라앉을걸요. 이 찌꺼기는 물의 일부가 흙으로 바뀐 거예요. 이것이야말로 4원소설이 옳다는 증거지요."

라부아지에는 2천 년 넘게 서양 사람들의 머릿속에 꽉 박혀 있던 4원소설이 틀렸다는 걸 보여 주기로 했어요. 실험에 앞서 라부아지에는 유리그릇의 무게를 정확하게 쟀어요. 실험을 하고 나면 유리그릇의 무게가 달라질 수도 있잖아요. 또 물을 끓일 때에도 정성을 다했어요. 꽉 닫은 유리그릇에 물을 넣고 무려 세 달 넘게 끓였답니다.

드디어 실험이 끝났어요. 라부아지에는 불을 끄고 유리그릇을 들여다보았어요. 유리그릇의 물속에 찌꺼기가 가라앉아 있었어요. 정말 물이 흙으로 바뀐 걸까요?

라부아지에는 유리그릇이 식기를 기다렸다가 물과 그릇의 무게를 쟀어요. 그런데 이게 웬일일까요? 물의 질량은 변함이 없었어요. 그런데 유리그릇의 질량이 조금 줄어든 거예요. 라부아지에는 무릎을 치며 기뻐했어요.

4원소설은 터무니없어.
내가 4원소설이 틀렸다는 걸
증명해 보이겠어.

"이 찌꺼기는 물이 바뀌어 만들어진 게 아니야. 유리그릇의 일부가 뜨거운 열에 녹아 바닥에 쌓인 거지. 유리그릇의 질량이 줄어든 이유가 바로 그거야!"

라부아지에의 노력으로 4원소설의 토대가 조금씩 무너졌어요. 그리고 새로운 과학이 싹트기 시작했답니다.

세상 모든 것을 이루는 진짜 원소들

1774년 가을, 프리스틀리라는 영국 사람이 라부아지에를 찾아왔어요. 목사이자 화학자인 프리스틀리는 신기한 기체를 발견하고 의논하러 온 거예요.

"저는 두 달 전에 아주 신기한 기체 하나를 발견했어요. 그 기체는 물질이 잘 타도록 도와주는 성질을 가지고 있어요. 그 기체 속에서는 불씨만 남아 있던 촛불도 활활 타오른답니다."

라부아지에는 프리스틀리의 이야기를 듣고 아주 흥분했어요. 얼마 전, 금속을 태우는 실험을 했을 때 공기의 일부가 사라졌던 일이 떠올랐거든요. 라부아지에는 그 사라진 공기의 일부가 바로 프리스틀리가 발견한 신기한 기체일지도 모른다고 생각했어요.

"그 신기한 기체는 공기에 들어 있는 물질 가운데 하나가 아닐까? 그럼 4원소설이 틀렸다는 말이네. 4원소설에서는 공기가 다른 물질

플리스틀리는 먼저 공기가 통하지 않는 유리병에 초와 쥐를 넣었어요.
그랬더니 초는 불이 꺼지고 쥐는 죽었어요.

프리스틀리가 이번에는 공기가 통하지 않는 유리병 안에 초와 식물, 쥐와 식물을 함께 넣었어요.
그러자 초도 꺼지지 않고 쥐도 죽지 않았지요. 식물에서 산소가 나왔기 때문이에요.

로 나누어지지 않는 순수한 원소라고 주장했잖아."

라부아지에는 프리스틀리가 발견한 기체에 '산소'라는 이름을 붙여
주었어요.

"그렇다면 초가 타는 것은 초를 이루는 물질이 산소와 결합하는 현
상이군."

그러면서 라부아지에는 이렇게 주장을 펼쳤어요.

공기는 순수한 물질인 원소가 아니야. 질소, 산소, 수소, 이산화탄소 등 여러 물질이 섞여 있는 혼합물이지.

공기

"4원소설은 틀렸어. 공기에는 프리스틀리가 발견한 산소가 들어 있어."

라부아지에는 수소와 산소, 이산화탄소 같은 물질이 세상 모든 것을 이루는 진짜 원소라고 생각했어요. 그래서 이렇게 말했지요.

"물과 불과 공기와 흙은 원소가 아니다."

혁명에 희생된 비운의 화학자

1789년의 한여름, 프랑스에서 혁명이 일어났어요. 성난 시민들은 국왕이었던 루이 16세를 처형했어요. 라부아지에도 이 혁명의 소용돌이를 피하지는 못했어요. 시민들이 아주 미워하는 세금 징수원으로 일했기 때문이에요. 라부아지에는 결국 사형장에서 숨을 거두고 말았지요. 유명한 수학자 라그랑주는 라부아지에의 죽음을 두고 이렇게 한탄했답니다.

"그의 머리를 베어 버리는 데에는 한순간밖에 걸리지 않았지만, 그의 뛰어난 두뇌를 얻으려면 100년도 넘게 걸릴 것이다."

라부아지에는 천재 화학자였지만,
혁명의 소용돌이에서 비운의 죽음을 맞았어요.

물질은 원자로 이루어져 있어요.

물질을 이루는 기본 요소를 흔히 '원소'라고 불러요. 라부아지에는 수소와 산소 같은 것이 원소라고 생각했어요. 그렇다면 원소는 무엇으로 이루어졌을까요?

그걸 처음으로 설명한 사람은 라부아지에보다 20년쯤 늦게, 영국에서 태어난 과학자 '돌턴'이에요. 돌턴은 원소에 대해 이렇게 주장했어요.

"원소는 더 이상 나누어지지 않는 아주 작은 알갱이로 이루어져 있어. 이 작은 알갱이가 바로 '원자'야."

곧, 원소는 원자로 이루어진 거예요. 우리 주변에서 볼 수 있는 모든 물질은 원자가 모여 이루어져 있어요.

물은 수소 원자 두 개와 산소 원자 한 개로 이루어졌지요.

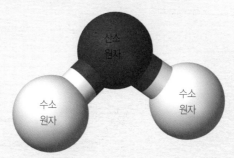

산소와 수소 같은 기체들은 같은 원자로 이루어져 있고요. 산소는 산소 원자 두 개, 수소는 수소 원자 두 개로 이루어져 있지요.

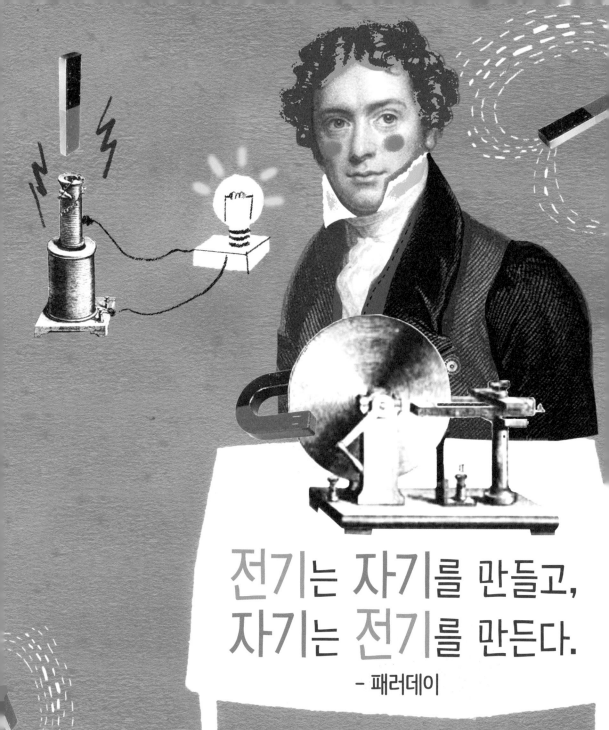

전기는 자기를 만들고,
자기는 전기를 만든다.
- 패러데이

자석은 옛 그리스의 마그네시아 지방에서 처음 발견되었어요. 한 목동이 산기슭에서 양을 몰고 있었어요. 그런데 걸음을 걷는데 자꾸 이상한 느낌이 들었어요.

"어라! 신발 바닥이 땅에 달라붙는 것 같아"

목동의 신발 바닥에 쇠못이 박혀 있었고, 발밑에는 시커먼 돌이 넓게 드러나 있었지요.

"오호! 쇠못이 이 돌에 달라붙는 거였군"

쇠못이 달라붙는 시커먼 돌은 자철석이었어요. 자철석은 철을 많이 포함하고 있는 돌의 한 종류로, 천연자석이에요.

자석의 성질인 자기는 전기와 비슷해요. 자기에는 N극과 S극이 있고, 전기에는 양(+)과 음(−)이 있어요. 전기를 띤 물체가 서로 끌어당기거나 밀어내는 것처럼, 자기도 다른 극끼리는 서로 끌어당기고 같은 극끼리는 서로 밀어내요.

자석으로 만든 나침반이 방향을 가리키는 까닭도 이 때문이에요. 지구는 남극이 N극이고 북극이 S극인 커다란 자석이에요. 그래서 나침반의 N극인 붉은색 바늘이 언제나 지구의 북극을 가리키는 거예요.

많은 과학자들이 전기와 자기를 연구하기 시작했어요. 그에 따라 전기와 자기에 대한 새로운 사실이 차츰 드러났지요. 그 발견의 중심에 우뚝 선 과학자가 바로 영국의 '패러데이'랍니다.

2천 년 전쯤 중국에서 자석을 이용해 나침반을 만들었어요. 나침반은 선원들에게는 목숨처럼 소중한 도구예요. 망망대해에서 방향을 알려주니까요. 나침반의 바늘은 자석으로 만들어져서 붉은색 바늘이 항상 북쪽을 가리켜요.

전기와 자기의 신비에 도전한 제본공

영국 런던에서 태어난 패러데이는 네 남매 중 셋째였어요. 아버지는 대장장이였는데, 집안이 아주 가난했어요. 패러데이는 열세 살까지 동네 학교에 다니며 교육을 받았어요. 그 후에는 서점에서 심부름을 하며 돈을 벌었지요.

서점 주인은 제본소도 겸해서 운영하고 있었어요. 제본소는 인쇄물을 묶어 책을 만드는 곳이에요.

"패러데이, 일을 정말 열심히 하는구나. 앞으로는 잔심부름만 하지 말고 제본 일도 배워 보렴."

패러데이에게 제본 일은 아주 즐거웠어요. 제본한 책을 읽으며 공부를 할 수 있었거든요. 패러데이가 가장 좋아한 책은 〈브리태니커 백과사전〉과 〈화학 이야기〉였어요.

패러데이는 일이 끝나면 혼자 공부를 하며, 실험도 했어요. 패러데이의 방은 연구실이자 실험실이었어요. 방 안은 책과 실험 도구로 가득했지요. 패러데이는 비록 복잡한 계산은 잘하지 못했지만, 아주 성실하고 인내심이 강했어요. 같은 실험을 몇 번이고 되풀이하며 확인하고, 결과를 꼼꼼하게 기록했지요.

1812년의 어느 날, 패러데이에게 큰 행운이 찾아왔어요. 유명한 화학자인 데이비의 강연을 듣게 된 거였지요. 패러데이는 데이비의 강연

을 하루도 빠지지 않고 들었어요. 강연이 모두 끝난 후 패러데이는
강연 내용을 정리하여 300쪽짜리 책을 만들어 데이비에게 보냈어요.
데이비는 깜짝 놀랐어요.

"이런, 내 강연을 이처럼 잘 이해하고 정리하다니, 아주 대단한 젊
은이야."

전류를 흐르게 했더니,
정말 나침반 바늘이 움직이네.
그건 전류가 자석의 성질을
가졌다는 뜻이야.

데이비는 패러데이를 조수로 임명했어요. 패러데이는 뛸 듯이 기뻤지요. 드디어 최고의 화학자 밑에서 진짜 화학 공부를 할 수 있게 되었으니까요. 얼마 지나지 않아 패러데이는 데이비의 실험과 강연에 참여하는 학문적인 조수로 성장했어요.

그러던 1820년의 어느 날, 덴마크의 외르스테드라는 과학자가 놀라운 현상을 발견했어요. 전기 회로에 전류를 흘려보내자 그 옆에 있던 나침반의 바늘이 흔들렸던 거예요. 마치 자석을 나침반 바늘에 가까이 댔을 때처럼 말이에요.

패러데이는 이 소식을 듣고 흥분했어요.

"전류가 나침반 바늘을 움직이다니! 그건 전류가 자석의 성질을 가졌다는 뜻이잖아. 그렇다면 자석으로 전류를 만들 수도 있지 않을까? 내가 꼭 증명해 보이겠어."

전기 문명의 시대를 활짝 연 패러데이

자석으로 전류를 만들겠다는 패러데이의 목표는 쉽지가 않았어요. 그 목표를 달성하는 데 무려 10년이나 걸렸어요. 패러데이는 1831년에 이르러서야 자석을 이용해 전선에 전류를 흘려보내는 데 성공했답니다.

'아직 확실하지는 않지만 아마 그럴 것이다.'라고 임시로 내세우는 주장을 가설이라고 해요. 과학자들은 어떤 현상의 원인을 설명할 때 가설을 세워요. 또 그 가설에 따라 어떤 현상이 일어날 것이라고 예측을 하지요. 만일 그 현상이 예측한 대로 일어나면 그 가설은 맞는 거예요.

　패러데이도 가설을 하나 세웠어요. 자석에서 어떤 힘이 뻗어 나온다고 말이에요. 패러데이는 그 힘의 줄기를 '자기력선'이라고 불렀어요. 쇳가루를 이용하면 자기력선의 모양을 볼 수도 있어요. 막대자석 위에 흰 종이를 놓고 종이 위에 쇳가루를 솔솔 뿌려 보세요. 그 후 종이를 가볍게 톡톡 두드리면, 쇳가루가 자기력선을 따라 늘어서면서 일정한 모양의 줄무늬 곡선이 그려져요.

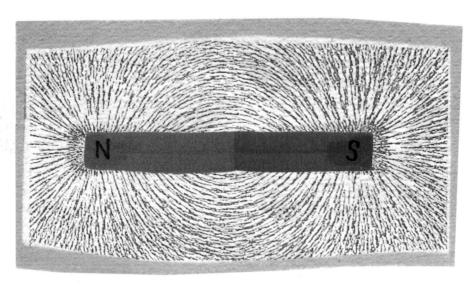

철가루를 이용해 자석에서 나오는 힘의 줄기인 자기력선을 볼 수 있어요.

패러데이는 자기력선 가설을 이용해 어떻게 자석이 전류를 만들 수 있는지 설명했어요. 먼저 전선을 고리 모양으로 만들어요. 이 고리 모양의 전선 가운데로 막대자석을 넣었다 뺐다 움직여 봐요.

패러데이는 자석을 움직일 때마다 고리 모양의 전선에 걸리는 자기력선의 개수가 변한다는 사실을 눈여겨보았어요. 막대자석이 전선 고리와 가까울 때에는 전선에 걸리는 자기력선의 개수가 많아져요. 막

막대자석이 전선에 가까워지고
멀어지는 것에 따라 전선에 걸리는
자기력선의 수가 변해.

대자석이 전선 고리와 멀어질 때에는 전선에 걸리는 자기력선의 개수가 줄어들고요. 이 자기력선 개수의 변화 때문에 전선에 전류가 흐르는 거예요. 드디어 패러데이는 세상을 향해 자신의 발견을 힘차게 말할 수 있었어요.

"전기는 자기를 만들고, 자기는 전기를 만든다."

주변을 둘러보세요. 텔레비전이나 휴대폰, 컴퓨터는 물론 전기 철도와 전기 자동차에 이르기까지 우리 생활을 움직이는 거의 모든 것은 전기예요. 전기는 깨끗하고 편리한 에너지예요. 전기는 수력 발전소와 화력 발전소, 원자력 발전소 같은 발전소에서 만들어요. 이들 발전소에 모두 갖춰야 하는 장치가 있어요. 바로 발전기예요.

이 발전기를 만든 사람이 바로 패러데이예요. 발전기 안에는 자석과 전선이 들어 있어요. 이 자석과 전선이 서로 움직이면서 전기가 만들어져요. 발전기는 패러데이가 발견한 원리에 따라 자기로 전기를 만드는 장치랍니다.

발전기는 자석과 전선이 움직이면서 전기를 만들어요.

에디슨과 테슬라, 전류 전쟁의 결말은?

전지에서 흘러나오는 전류는 양(+)과 음(−)의 방향이 바뀌지 않아요. 일정한 방향으로 흐르는 이런 전류를 '직류'라고 불러요. 반면에 집에 있는 전기 콘센트에서 흘러나오는 전류는 양(+)과 음(−)의 방향이 끊임없이 바뀌는데, 이런 전류를 '교류'라고 불러요.

패러데이가 발전기를 발명한 후 과학자들은 큰 고민에 빠졌어요.

'우리 생활에 유용한 전류는 직류일까? 교류일까?'

발명왕 에디슨은 직류가 좋다고 주장했어요.

"난 직류 발전소를 세워 전기를 만들겠어. 그 전기를 모든 가정에 공급할 거야."

에디슨의 노력에도 불구하고 직류에는 큰 문제점이 있었어요. 전기를 먼 거리까지 이동하기가 쉽지 않았거든요. 그 문제를 해결한 사람은 에디슨의 맞수 테슬라였어요.

"발전소와 가정 사이의 거리는 아주 멀어. 전기를 먼 거리까지 안정적으로 보내려면 직류보다 교류가 더 나아."

에디슨을 따르는 과학자들과 테슬라를 따르는 과학자들은 팽팽하게 맞서 자신들이 옳다고 주장했어요. 사람들은 이 다툼을 흔히 '전류 전쟁'이라고 불러요. 이 전류 전쟁에서 이긴 사람은 테슬라였어요. 그래서 지금 우리 가정에서 교류를 쓰지요.

요즘 전기 자동차 시장을 이끌고 있는 '테슬라모터스'라는 회사를 알고 있나요? 테슬라모터스는 바로 이 과학자 테슬라의 이름을 따서 지어진 회사랍니다.

사람과 원숭이의
조상은 같다.
- 다윈

지구는 온갖 동식물이 살고 있는 생명의 행성이에요. 지구에 생명을 불어넣은 온갖 생물은 어디에서 비롯된 걸까요?

사람을 비롯한 모든 생물을 신이 만들었다는 주장을 '창조론'이라고 해요. 창조론에서는 어떤 생물이 다른 생물로 바뀌는 일이 없어요. 어떤 생물이든 신이 만들었을 때의 모습을 간직한 채 살아가지요.

창조론에 맞서는 이론도 있어요. 동물은 서로 잡아먹고 잡아먹히며 살아가요. 살아남으려면 상대보다 뛰어나야 해요. 따라서 모든 동물은 상대보다 뛰어난 방향으로 조금씩 변해 가는데 이런 변화가 쌓여 새로운 종이 나타난답니다. 이렇게 어떤 생물이 조금씩 변해서 새로운 생물이 나타난다는 주장을 흔히 '진화론'이라고 해요.

창조론자들은 진화론을 두고 이렇게 비난했어요.

"그럼 사람과 원숭이의 조상이 같다는 거잖아. 사람은 신이 만드신 가장 성스러운 존재야. 감히 사람을 원숭이와 비교하다니……."

과연 사람과 원숭이는 진화론자들의 주장처럼 같은 조상에서 갈라져 나왔을까요? 아니면 창조론자들의 주장처럼 신이 따로따로 만들어 냈을까요? 지금으로부터 2백 년 전쯤에 그 질문에 대한 답을 찾으려고 힘쓴 과학자가 나타났어요. 그 사람은 바로 영국의 생물학자 '다윈'이랍니다.

다윈의 운명을 바꾼 비글 호 항해

다윈은 1809년에 영국의 슈르스버리라는 작은 도시에서 여섯 남매 중 다섯째로 태어났어요. 아버지가 의사여서 집안이 아주 부유했어요.

다윈은 아주 뛰어난 아이는 아니었어요. 성적도 그다지 좋지 않았어요. 내세울 것이라고는 우표와 조개껍데기, 돌멩이 같은 걸 누구보다 열심히 모은다는 거였지요. 다윈은 어릴 적부터 동식물을 좋아했어요. 그건 아버지의 영향이 컸어요. 아버지가 정원을 산책하며 여러 가지 꽃과 곤충의 이름을 가르쳐 주었거든요.

아버지는 다윈을 법률가나 의사로 키우려고 했어요. 하지만 다윈은 법률이나 의학에는 전혀 소질이 없었어요.

"어쩔 수 없구나. 그럼 케임브리지 대학에서 신학을 공부해 보렴."

다윈은 신학에도 흥미를 느끼지 못했지만, 대신 대학에서 중요한 스승을 만났어요. 동물학과 식물학, 광물학, 지질학 등을 연구하는 헨슬로 교수였어요.

"교수님의 식물학 강의를 듣고 앞으로 해야 할 일을 찾았습니다. 저도 교수님 같은 학자가 되고 싶어요."

다윈은 그때부터 헨슬로 교수의 뒤를 졸졸 쫓아다녔어요. 오죽했으면 '헨슬로와 함께 산책하는 사람'이라는 별명이 붙을 정도였지요. 헨슬로는 그런 다윈을 몹시 아꼈어요.

1831년의 어느 무더운 여름날, 헨슬로 교수는 다윈에게 흥미로운 탐험을 제안했어요.

"다윈 군, 조만간 해군에서 남아메리카와 서인도 제도를 조사하기 위해 탐사선 비글 호가 출발할 거라네. 자네가 그 탐사선을 타는 게 어떻겠나? 선장의 말벗이나 하면서 동식물 채집도 하고 말이야."

다윈은 교수님의 제안을 따르기로 했어요. 그 해 크리스마스가 이틀 지난 12월 27일, 다윈을 태운 비글 호가 플리머스 해군 기지를 떠났어요. 대서양을 건너고 남아메리카의 동해안을 따라 남쪽 끝까지

출발

남아메리카

갈라파고스 제도

안데스 산맥

비글 호가 항해한 경로야.

내려간 비글 호는 서해안을 따라 위쪽으로 올라갔어요. 그동안 다윈은 안데스 산맥의 동식물을 조사할 수 있었지요.

"안데스 산맥의 양쪽 지역은 기후도 비슷하고 흙도 비슷해. 그런데 동식물의 종류는 조금씩 다르군. 장소가 달라지면 그곳에 사는 동식물도 달라지는 것 같아."

비글 호는 남아메리카의 서해안에서 1천 킬로미터쯤 떨어진 갈라파고스 제도까지 나아갔어요. '제도'는 여러 섬을 가리키는 말이에요. 열아홉 개의 섬인 갈라파고스 제도는 숨겨진 동물원 같았어요. 다른 곳에서는 볼 수 없는 특이한 동물들이 널려 있었지요.

"갈라파고스땅거북이나 바다이구아나 같은 동물은 이곳에서만 살아. 어째서 이곳에는 이런 특이한 동물들이 많은 걸까?"

다윈은 이 여행을 통해 많은 의문을 품게 되었어요.

생물 진화의 기초를 이루는 자연 선택

1836년 10월 2일, 다윈은 5년 간의 긴 여행을 마치고 다시 영국으로 돌아왔어요. 그리고 3년이 지난 1839년, 항해 동안 기록했던 일기를 정리해 〈비글 호 항해기〉라는 책을 썼어요.

〈비글 호 항해기〉가 나왔을 때만 해도 많은 생물학자들은 진화론을 믿지 않았어요. 그건 다윈도 마찬가지였어요. 하지만 다윈은 갈라파고

핀치새는 본래 씨앗을 먹는 새였어요.
그런데 각 섬에 떨어져 살면서 먹이에 따라
부리의 모양과 몸의 크기가 달라졌어요.
다윈은 이것이 진화의 증거라고 생각했어요.

스 제도에 사는 핀치새를 조사하면서 조금씩 생각이 바뀌어 갔어요.

"왜 섬마다 핀치새의 생김새가 다른 걸까? 혹시 이게 생물이 진화
한다는 증거가 아닐까?"

핀치새는 참새처럼 생긴 작은 새예요. 갈라파고스 제도에는 모두
열네 종의 핀치새가 살고 있었어요.

"부리가 굵고 짧은 핀치새는 식물의 씨를 잘 쪼아 먹을 수 있어. 부
리가 가늘고 긴 핀치새는 곤충을 잘 잡아먹을 수 있고. 그러니까 식
물의 씨가 풍부한 섬에서는 부리가 굵고 짧은 핀치새가 많이 살아남

는 게 당연해. 곤충이 풍부한 섬에서는 부리가 가늘고 긴 핀치새가 많이 살아남을 테고 말이야."

다윈은 환경에 적응을 잘 하는 생물일수록 더 많이 살아남는다고 생각했어요. 다윈의 이런 생각을 흔히 '자연 선택'이라고 불러요.

"생물은 오랜 세월 자연 선택을 되풀이하면서 조금씩 변해. 그 변화가 오랜 세월 쌓이고 쌓여 새로운 생물이 나타나고. 그게 바로 진화야. 다시 말해 진화의 원인은 바로 자연 선택이지."

다윈의 자연 선택은 진화론을 뒷받침하는 멋진 이론이었어요. 하지만 다윈은 자신의 이론을 섣불리 세상에 내놓지 못했어요. 창조론을 주장하는 교회와 많은 과학자들의 비난이 두려웠거든요.

1858년의 어느 날, 다윈은 월리스라는 젊은 생물학자가 보낸 편지와 논문 한 편을 받고 깜짝 놀랐어요. 논문에 쓴 내용이 다윈의 자연 선택설과 아주 비슷했기 때문이었어요. 다윈은 서둘러 월리스에게 편지를 썼어요. 자신도 비슷한 연구를 하고 있으니 함께 논문을 발표하자는 거였지요. 월리스는 다윈의 제안을 받아들였어요. 다윈과 월리스는 그 해 7월에 함께 논문을 발표했어요.

이듬해에 다윈은 진화론을 요약하여 〈종의 기원〉이라는 책도 썼어요. 〈종의 기원〉은 나오자마자 다 팔릴 만큼 인기를 얻었어요. 그 덕에 다윈은 월리스를 제치고 진화론의 선구자로 이름을 떨치게 되었어요.

다윈은 자연 선택설로 모든 생물의 진화를 설명할 수 있었어요. 다윈은 사람도 동물의 한 종일 뿐이라고 생각했어요. 다윈은 〈종의 기원〉의 끝 부분에서 이렇게 주장했답니다.

"사람과 원숭이의 조상은 같다."

다윈은 인간과 유인원이 공통 조상을 가졌다고 주장했어요.
당시 사람들은 다윈의 얼굴을 유인원에 붙인 그림을 그려 다윈을 비웃었어요.

다윈의 이 주장에 많은 사람들이 충격에 빠졌어요. 어떤 사람은 동물원의 원숭이를 가리키며 다윈을 비웃기도 했어요.

"오랜 세월이 지나면 저 원숭이도 사람이 된단 말이오?"

물론 그건 아니에요. 아주 오래 전에 사람과 원숭이가 같은 조상에서 갈라져 나왔어요. 그리고 사람은 사람으로 진화했고, 원숭이는 원숭이로 진화했지요. 따라서 원숭이가 다시 사람으로 진화할 수 있는 건 아니랍니다.

월리스, 생물의 종류가 달라지는 선을 생각했어요.

월리스는 1823년에 태어난 영국의 생물학자예요. 월리스는 어릴 때부터 다윈 같은 탐험가들의 이야기를 읽으며 자신의 미래를 꿈꿨어요.

월리스의 꿈은 1848년에 배를 타고 브라질로 떠나면서 이루어졌어요. 월리스는 아마존 강 밀림에서 자연 탐사를 하며 수많은 생물 표본을 모았어요. 또 1854년에서 1862년 사이에는 말레이시아와 인도네시아의 섬들을 탐험하며 생물 표본을 모았고요.

월리스는 이곳에서 아주 신기한 사실 하나를 알아냈어요.

"어, 섬과 섬 사이에서 생물의 종류가 달라지잖아."

월리스는 이 섬 사이를 가르는 선을 그어 보았어요. 동남아시아와 오세아니아 사이를 가르는 이 가상의 선을 흔히 '월리스 선'이라고 불러요.

월리스는 여러 차례의 탐험을 통해 진화에 대해 아주 중요한 사실을 깨달았어요. 생물은 자연 환경의 영향을 받아 새로운 종류로 변한다는 거예요. 그건 다윈의 자연 선택설과 거의 비슷한 생각이었어요. 월리스는 다윈에게 편지를 보내 자신의 생각을 전했어요. 그 결과 다윈과 함께 논문을 발표하게 된 거였답니다.

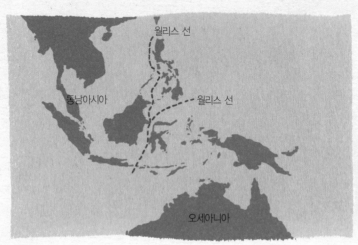

아시아

오스트레일리아

아프리카

남극 대륙

남아메리카

모든 대륙은 하나의
커다란 땅덩어리였다.

- 베게너

지구 표면은 바다와 육지로 이루어져 있어요. 육지에는 산과 강과 호수가 펼쳐져 있고, 바다에는 크고 작은 섬들이 떠 있지요. 그럼, 바다와 육지는 어떻게 만들어졌을까요? 또 주름살처럼 이어진 높은 산맥들은 어떻게 만들어졌을까요? 사람들은 오랜 옛날부터 이 질문에 답하려고 노력했어요.

진화론으로 유명한 찰스 다윈의 아들 조지 다윈은 태평양과 달이 이렇게 만들어졌다고 주장했어요.

"지구가 자전하고 있기 때문에 지표에는 원심력이 작용해. 지구가 아직 딱딱하게 굳지 않았을 때, 이 원심력 때문에 지표의 한 부분이 떨어져 나갔어. 그곳은 움푹 패어 깊고 넓은 바다가 만들어졌지. 그 바다가 바로 태평양이야. 지표에서 떨어져 나간 덩어리는 둥글게 뭉쳐 달이 되었고."

서양 사람들은 사과를 구워 먹기도 해요. 사과를 구우면 수분이 빠져나가 껍질이 쭈글쭈글해져요. 지질학자인 쥐스는 지구의 산맥이 구운 사과와 비슷한 원리로 만들어졌다고 주장했어요.

"뜨거웠던 지구가 식으면 부피가 줄어들어. 그럼 지표에 쭈글쭈글한 주름이 생기는데 이 주름이 바로 산맥이지. 바다와 육지도 이때 만들어졌어."

이후 이들보다 더 황당한 주장을 펼친 과학자가 나타났어요. 바로 '베게너'였답니다.

대륙 이동설의 증명에 뛰어든 기상학자

베게너는 1880년에 독일의 베를린에서 태어났어요. 어려서부터 베게너는 과학을 좋아했어요. 학교에 다니며 물리학과 기상학과 천문학을 공부한 다음, 스물다섯이 되던 1905년에 프리드리히 빌헬름 대학에서 천문학 박사 학위를 받았어요. 대학을 졸업한 후에는 국립항공관측소에서 기상학자로 일했지요.

베게너는 기상학자로서 오랜 꿈이 있었어요.

"그린란드는 세계에서 가장 큰 섬이야. 북극에 가깝기 때문에 거의 눈과 얼음에 덮여 있지. 난 어른이 되면 꼭 그린란드로 탐험을 떠날 거야."

그린란드는 대서양과 북극해 사이에 위치해 있는, 세계에서 가장 큰 섬이에요. 일반적으로 그린란드보다 넓으면 대륙, 좁으면 섬이라고 구분해요. 그린란드는 덴마크 영토에 속해요.

이듬해인 1906년에 드디어 베게너의 꿈이 이루어졌어요. 그린란드 탐험대에 뽑힌 거예요. 베게너는 그린란드에 가서 극지방의 대기를 연구했어요.

그린란드 탐험에서 돌아온 베게너는 마르부르크 대학에서 기상학과 천문학을 가르쳤어요. 학생들은 베게너 교수를 매우 좋아했어요. 어려운 이론도 아주 쉽게 설명해 주었거든요.

1910년의 어느 날, 베게너의 인생을 뒤바꿀 운명의 순간이 찾아왔어요. 세계 지도를 들여다보다가 신기한 사실을 하나 발견한 거예요.

"아니 이럴 수가! 아프리카 대륙 서해안과 남아메리카 대륙 동해안의 해안선이 퍼즐 조각처럼 꼭 들어맞잖아. 혹시 이 두 대륙이 붙어 있었던 건 아닐까?"

지표를 이루는 넓은 육지를 '대륙'이라고 불러요. 또 대륙을 둘러싸고 있는 너른 바다를 '대양'이라고 부르지요. 세계 지도에는 여섯 개의 대륙(아시아, 유럽, 아프리카, 오세아니아, 북아메리카, 남아메리카)과 다섯 개의 대양(태평양, 대서양, 인도양, 북극해, 남극해)이 펼쳐져 있어요.

아프리카 대륙과 남아메리카 대륙 사이에는 대서양이라는 너른 바다가 놓여 있지요. 베게너의 생각은 서로 달라붙어 있던 아프리카 대륙과 남아메리카 대륙이 점점 멀어지면서 대서양이 만들어졌다는 거였어요. 베게너는 대륙의 해안선에 관한 자료를 모조리 찾아가며 연구를 했어요.

"아주 오래 전, 서로 붙어 있던 아프리카 대륙과 남아메리카 대륙이 떨어져 나가기 시작했어. 그 두 개의 대륙이 멀어지면서 대서양이 생겨났지. 또 대륙은 서로 부딪치기도 해. 그때 대륙의 가장자리가 밀려 올라가 높은 산맥이 만들어지는 거고."

많은 과학자들은 대륙이 움직인다는 걸 믿지 못했어요. 그래서 대륙 이동설은 황당한 이론이라고 여겨졌지요. 하지만 베게너는 대륙 이동설을 믿었어요.

"과학자들이 대륙 이동설을 믿지 못하는 건 아직 충분한 증거가 없기 때문이야. 대륙 이동설이 옳다는 걸 꼭 밝히고 말겠어."

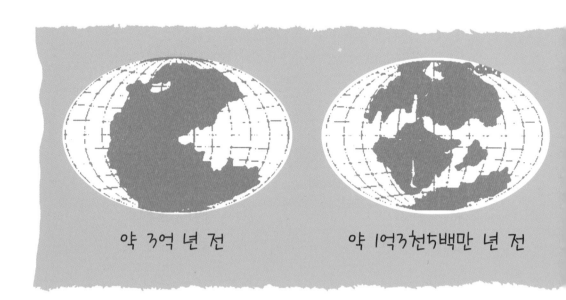

약 3억 년 전   약 1억3천5백만 년 전

과학자들은 자연의 신비를 밝히는 탐정이에요. 탐정은 사방에 흩어져 있는 단서를 모으고 조사해 사건의 실체를 밝혀요. 과학자들 역시 자신의 주장이 옳다는 걸 뒷받침하는 여러 가지 증거를 모아요.

증거는 전혀 생각하지 못한 곳에서 나오기도 해요. 그래서 과학자와 탐정은 여러 분야의 지식을 쌓아야 해요. 베게너는 기상학자면서도 천문학을 전공했어요. 또 물리학과 지질학에도 뛰어났지요. 베게너의 이런 다양한 지식은 대륙 이동설의 증거를 찾는 데 큰 도움을 주었어요.

대륙은 이렇게 떨어져 나왔을 거야.

약 5천5백만 년 전

현재

모든 대륙의 어머니, 판게아

대륙 이동설을 주장하고 1년쯤 지났을 때, 베게너는 아주 재미있는 글을 읽었어요. 아프리카 대륙의 서해안과 남아메리카 대륙의 동해안에서 아주 오래전에 살던 도마뱀의 화석이 똑같이 발견되었다는 거였어요.

"서로 멀리 떨어진 곳에 같은 생물이 살았다니 이상하군. 도마뱀이 대서양을 건널 수는 없고 말이야. 이건 아주 오랜 옛날, 이 두 대륙이 서로 붙어 있었다는 뜻이야."

베게너는 자신의 특기인 다양한 지식을 바탕으로 대륙 이동설의 증거를 더 찾아보았어요. 대륙 이동설의 증거는 화석뿐 아니라 지층이나 빙하의 흔적에서도 나타났어요.

지층은 여러 암석이 층층이 쌓인 채 굳은 거예요. 같은 시기에 같은 장소에서 만들어진 지층은 모양이 같아요. 그런데 지질학자들은 북아메리카 대륙의 애팔래치아 산맥과 유럽 대륙의 영국 스코틀랜드에서 같은 지층을 발견했어요. 또 남아메리카 대륙과 아프리카 대륙에서도 같은 지층을 발견했지요.

"바로 이거야! 멀리 떨어진 대륙에서 같은 지층이 발견된다는 건 이 두 대륙이 서로 붙어 있었다는 뜻이야."

얼음의 강인 빙하는 천천히 이동하면서 바닥의 암석을 깎아요. 그래서 빙하에 덮여 있던 암석에는 빙하의 흔적이 남는답니다.

지질학자들은 아주 오래전, 빙하 시대에 빙하가 암석에 남긴 흔적을 조사했어요. 그 결과는 아주 놀라웠어요. 남극과 오세아니아 대륙의 북부, 유럽과 아시아 대륙의 남부, 아프리카 대륙의 남부, 남아메리카 대륙의 남동부에 새겨진 빙하의 흔적이 모두 같은 빙하 때문에 만들어진 거예요..

"정말 굉장하군! 빙하의 흔적은 모든 대륙이 한 덩어리였음을 뜻하고 있어."

베게너는 이런 증거들을 바탕으로 대륙을 하나씩 붙여 나갔어요. 그건 아주 커다란 조각 그

퍼즐을 맞추듯 조각을 맞추면, 옛날 모든 대륙은 하나의 덩어리였어.

림 맞추기 퍼즐이었지요. 베게너의 예측처럼 모든 대륙은 한 덩어리로 달라붙었어요. 베게너는 수억 년 전, 모든 대륙이 달라붙어 만들어진 커다란 대륙을 '판게아'라고 불렀어요. 판게아는 '모든 땅'이란 뜻이에요.

1912년 1월 6일, 베게너는 독일의 프랑크푸르트에서 열린 지질학회에서 대륙 이동설에 관한 자신의 주장을 발표했어요.

"모든 대륙은 하나의 커다란 땅덩어리였다."

하지만 사람들은 베게너의 주장을 쉽게 믿지 못했어요. 베게너가 기상학자였기 때문이에요. 지질학회에 참석한 사람들은 대부분 지질학자들이었거든요.

"기상학자가 왜 지질학자 일에 끼어드는 거야."

베게너는 반박하는 지질학자들 사이에서 꼼짝할 수 없었어요.

1930년 겨울, 베게너는 세 번째 그린란드 탐험을 떠났어요. 하지만 베게너에게 이 탐험은 마지막 탐험이 되었어요. 동료들과 기지를 나섰다가 눈보라에 갇혀 숨을 거두고 말았거든요. 대륙 이동설도 베게너와 함께 눈보라 속으로 사라지는 듯했어요. 하지만 기적이 일어났어요. 대륙 이동설을 뒷받침하는 사실들이 속속 발견되어 결국 지질학자들도 인정하게 되었답니다.

맨틀이 대륙을 움직여요.

대륙 이동의 원인을 처음 설명한 사람은 영국의 지질학자 '홈스'였어요. 홈스는 맨틀이 움직이기 때문에 대륙이 이동한다고 주장했어요. 맨틀은 지구 껍데기인 지각의 안쪽에 있는 아주 뜨거운 물질이에요.

"맨틀은 뜨거운 물처럼 솟아오르기도 하고 가라앉기도 해. 이런 맨틀의 움직임 때문에 그 위에 얹혀 있는 대륙이 이동하지."

그 뒤를 이어 더 확실한 증거를 발견한 사람은 미국의 지질학자 '헤스'예요. 헤스는 대서양 가운데에서 아주 깊고 기다란 골짜기를 발견했어요.

"이 골짜기는 맨틀의 이동 때문에 지구 껍데기가 갈라져서 만들어졌어. 따라서 그 골짜기는 맨틀이 움직인다는 증거야."

베게너의 대륙 이동설이 옳다고 인정을 받게 된 것은 홈스와 헤스 같은 지질학자들의 노력 덕분이에요.

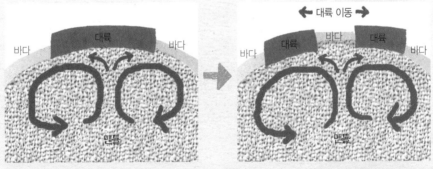

지구 껍데기인 지각의 안쪽에는 맨틀이라는 아주 뜨거운 물질이 있어요.
맨틀은 뜨거운 물처럼 솟아오르기도 하고 가라앉기도 해요.
이런 맨틀의 움직임 때문에 그 위에 얹혀 있는 대륙이 이동하는 거예요.

1920년 어느 봄날, 미국 워싱턴의 국립과학아카데미에 많은 천문학자들이 모였어요. 그 중에서 가장 눈에 띄는 두 명의 천문학자가 있었어요. 미국 최고의 천문학자들인 섀플리와 커티스였어요.

"우리 은하가 우주의 전부예요. 안드로메다 성운도 우리 은하 안에 있는 천체에 지나지 않아요."

섀플리의 열띤 주장에 커티스가 대답했어요.

"안드로메다 성운은 우리 은하보다 더 먼 곳에 있어요. 우주는 우리 은하 밖으로도 더 넓게 펼쳐져 있어요."

천문학자들은 섀플리와 커티스, 두 그룹으로 나누어져 웅성거렸어요.

문제가 된 안드로메다 성운은 태양계가 속한 우리 은하 안에 있을까요? 밖에 있을까요? 이 의문에 대한 답은 아주 중요해요. 그 결과에 따라 우주의 크기가 정해지거든요. 섀플리와 커티스를 중심으로 시작된 이 토론을 흔히 '천문학의 대논쟁'이라고 불러요.

천문학의 대논쟁이 해결되기까지는 겨우 3년밖에 걸리지 않았어요.

'허블'이라는 젊은 천문학자가 안드로메다 성운은 우리 은하 밖에 있는 또 다른 은하라고 밝혔거든요. 우리 은하 밖에는 우리 은하와 같은 은하들이 수없이 많아요. 곧 우주는 우리 은하 너머 아주아주 먼 곳까지 펼쳐져 있답니다.

수많은 별들이 모인 집단을 '은하'라고 해요. 우리 은하는 태양계가 속해 있는 은하를 가리켜요. 우리 은하는 지름이 10만 광년쯤 되어요. 광년은 빛의 속도로 1년 동안 이동하는 거리예요. 지구가 속한 태양계는 우리 은하 중심에서 3만 광년쯤 떨어져 있어요.

천문학을 향한 열정

허블은 1889년 초겨울, 미국 미주리 주의 마시필드라는 곳에서 태어났어요. 허블은 한마디로 잘난 아이였어요. 몸도 튼튼하고, 공부와 운동 모두 잘했거든요.

어린 허블을 우주로 이끌어 준 사람은 외할아버지였어요.

"여덟 번째 생일 선물로 작은 천체 망원경을 준비했단다. 어두워지면 별을 보자꾸나."

허블은 고등학교 2학년 때에 키가 188센티미터에 이르렀어요. 운동에도 두각을 나타내 농구와 풋볼, 달리기, 높이뛰기, 원반 던지기 선수로도 실력을 뽐냈지요. 고등학교 3학년 때에는 높이뛰기 대회에서 일리노이 주 신기록을 세우며 우승을 차지하기도 했지요.

고등학교 졸업 후 허블은 시카고 대학에서도 수학과 천문학을 열심히 공부했어요. 하지만 아버지는 허블이 변호사가 되기를 바랐어요. 허블은 아버지의 뜻을 거스를 수가 없었어요.

시카고 대학을 졸업할 무렵 허블은 영국 옥스퍼드 대학의 장학생으로 뽑혔어요.

"난 옥스퍼드 대학에서 법률학을 공부하면서 천문학도 공부할 거야. 천문학을 포기할 수는 없어."

허블이 큰 뜻을 품고 옥스퍼드 대학에서 공부하던 1913년 초에 갑

자기 아버지가 돌아가셨어
요. 허블은 가족을 돌보러
집으로 돌아와 고등학교에
서 아이들을 가르쳤어요. 하
지만 여전히 천문학의 꿈을
접을 수는 없었지요. 허블
은 시카고 대학의 몰튼 교
수에게 도움을 청했어요.

"몰튼 교수님, 천문학을
다시 공부할 수 있도록 도
와주세요."

몰튼 교수는 허블이 여키
스 천문대에서 일할 수 있도
록 추천해 주었어요.

후커 망원경은 미국 로스앤젤레스의 윌슨 산 천문대에 있는
망원경이에요. 허블은 이 망원경으로 밤하늘을 관측하여
우리 은하 밖에 여러 은하가 있다는 걸 밝혀냈어요.

몇 년 뒤에 허블은 윌슨 산 천문대의 연구원이 되었어요. 윌슨 산
천문대에는 그때까지 세계에서 가장 큰 반사 망원경이 있었어요. 지
름이 2.6미터나 되는 이 망원경은 '후커'라는 이름으로 불렸지요.

허블은 후커 망원경으로 많은 천체 사진을 찍었어요. 그 가운데 하
나가 바로 천문학의 대논쟁에 등장했던 안드로메다 성운이에요.

안드로메다는 가을철 남쪽 밤하늘에 떠오르는 별자리예요. 안드로

메다 성운은 날씨가 맑은 밤에는 맨눈으로도 볼 수 있어요. 그래서 아주 오랜 옛날부터 잘 알려졌답니다.

안드로메다 성운은 뿌연 구름처럼 보였어요. 천문학자들은 이런 천체를 별의 구름이라는 뜻으로 '성운'이라고 불렀어요. 그래서 안드로메다 성운이라는 이름을 갖게 되었지요. 천체 망원경이 발명되자 천문학자들은 안드로메다 성운을 더 자세히 들여다볼 수 있게 되었어요. 천체 망원경으로 들여다본 안드로메다 성운은 보통 성운과 달랐어요. 바람개비처럼 생겼거든요.

후커로 안드로메다 성운을 들여다봐야겠어.
모양이 바람개비처럼 생겼네.

지구에서 안드로메다 은하까지의 거리는 약 200만 광년 정도 되어요. 지구에서 볼 수 있어서 우리 은하에 속한 성운이라고 알려졌다가 1923년 허블의 관측으로 우리 은하 밖에 있는 은하라는 게 밝혀졌어요.

허블이 천문대에서 일할 무렵, 천문학자들은 안드로메다 성운의 정체를 두고 두 집단으로 나뉘어 자신들의 주장을 내세우고 있었어요. 안드로메다 성운이 우리 은하 안에 있는지, 우리 은하 밖에 있는지. 그게 바로 앞에서 이야기한 천문학의 대논쟁이에요.

대논쟁을 끝내는 방법은 아주 간단해요. 안드로메다 성운까지의 거리를 재기만 하면 되거든요. 그 결과는 놀라웠어요. 안드로메다 성운까지의 거리가 우리 은하의 지름보다 몇 배나 더 멀었던 거예요.

허블의 발견으로 안드로메다 성운은 우리 은하 밖의 또 다른 은하라는 게 밝혀졌어요. 곧 안드로메다 성운이 아니라 '안드로메다 은하'였던 거지요.

멀어지는 우주

우리 은하 밖에는 안드로메다 은하 말고도 수많은 은하가 펼쳐져 있어요. 그 드넓은 우주를 처음 발견한 사람이 바로 허블이에요.

우주에는 여러 가지 모양의 은하가 있어요.

별이나 은하에는 여러 가지 빛이 섞여 있어요. 천문학자들은 이 빛을 색깔에 따라 나누어 펼칠 수 있어요. 햇빛이 무지개로 펼쳐지는 것처럼 말이에요. 무지개처럼 펼쳐지는 이 빛의 띠를 '스펙트럼'이라고 불러요.

허블은 은하들의 스펙트럼을 조사하면 아주 중요한 사실을 알 수 있을 거라고 생각했어요. 그래서 천체 망원경에 붙어 있는 카메라로 수많은 은하들의 스펙트럼 사진을 찍었지요. 천체 망원경으로 사진을 찍는 일은 아주 고역이었어요. 겨울에는 추위와 싸워야 했어요. 천문대의 돔을 열면 찬 바람이 그대로 불어닥쳤거든요.

"어제도 밤새 고작 사진 한 장 간신히 얻었는데, 그나마 오늘은 날씨가 흐려서 별이 하나도 보이지 않는군."

허블은 추위와 졸음을 이겨내며 수많은 은하들의 스펙트럼 사진을 찍었어요.

허블은 어렵게 얻은 은하들의 스펙트럼 사진을 비교했어요. 그런데

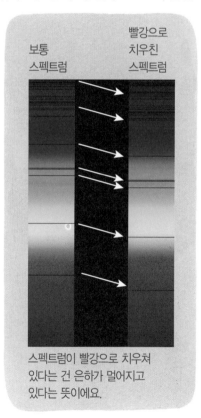

보통
스펙트럼

빨강으로
치우친
스펙트럼

스펙트럼이 빨강으로 치우쳐 있다는 건 은하가 멀어지고 있다는 뜻이에요.

모두 빨간색 쪽으로 치우쳐 있었어요.

"은하들은 서로 멀어지고 있다."

허블은 자신이 발견한 사실에 깜짝 놀랐어요. 그때까지 거의 모든 과학자들은 우주가 제자리에 서 있다고 생각했거든요.

허블은 빨간색으로 치우친 정도와 은하의 거리도 비교했어요. 그 결과는 놀라웠어요. 먼 은하일수록 빨간색으로 치우친 정도가 심했어요. 그건 먼 은하일수록 더 빠르게 멀어지고 있다는 뜻이랍니다.

허블의 발견을 바탕으로 새로운 사실을 알아낸 과학자가 있어요. 바로 '가모프'라는 물리학자예요. 가모프는 시간을 거슬러 올라갈수록 은하들 사이의 거리는 가까웠을 거라고 생각했어요. 그건 우주의 크기가 그만큼 작았다는 뜻이기도 하지요.

"아주 오랜 옛날, 우주는 작은 덩어리였어. 그 작은 덩어리가 엄청난 폭발을 일으키며 지금과 같은 우주가 만들어졌지. 우주는 지금도 커지고 있어."

가모프의 이 가설을 흔히 '빅뱅'이라고 불러요. 요즘의 천문학자들은 우주가 137억 년 전에 빅뱅으로 생겨났다고 믿어요. 이 놀라운 생각이 바로 허블의 발견으로부터 시작된 거랍니다.

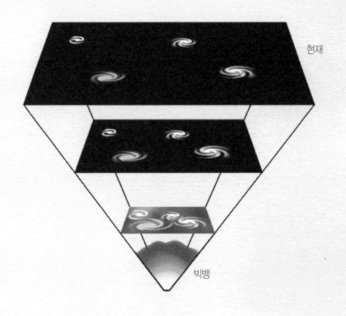

현재

빅뱅

한마디 말은 아주 짧고 간단해요. 하지만 그 뜻을 이해하기는 쉽지 않아요. 그 한마디에 많은 이야기가 담겨 있거든요. 물론 과학자들도 그 한마디를 남기려고 숱한 어려움을 견뎌야 했어요. 평생 한 가지 문제에 매달려야 하는 일도 흔했지요. 그런데 많은 과학자들은 어떻게 세상을 바꾼 한마디를 남길 수 있었을까요?

멋진 한마디를 남긴 과학자들에게는 한 가지 공통점이 있어요. 그건 바로 먼저 활동한 과학자들의 한마디를 귀담아 듣고, 그 뜻을 이해하려고 노력했다는 거예요. 사실 위대한 과학자들의 멋진 한마디는 혼자 힘으로 이루어 낸 것이 아니에요. 오랜 세월에 걸쳐 꼬리에 꼬리를 물고 조금씩 변화, 발전되어 이어진 거예요.

'우주의 중심은 지구가 아니라 태양이다.'라는 코페르니쿠스의 한마디는 새벽하늘을 보며 별자리를 관찰하던 이집트 신관의 한마디로부터 시작되었어요. '은하들은 서로 멀어지고 있다.'는 허블의 한마디도 코페르니쿠스의 한마디로 거슬러올라가고요. 요즘 과학자들은 우주가 빅뱅이라는 엄청난 폭발로부터 시작되었다고 믿어요. 이 한마디도 허블의 한마디가 없었으면 아마 생겨나지 못했을 거예요.

이 책에서 소개한 열 명의 과학자들이 남긴 한마디 역시 수많은 한마디들이 토대가 된 끝에 남겨진 말이에요. 과학자들이 남긴 한마디를 곰곰이 생각하며 이해해 보세요. 그럼 여러분도 세상을 바꿀 멋진 한마디에 이를 수 있을 거예요.

딱 한마디 과학자
찾아보기

과 중력 문제에 관심이 많아서 많은 연구 업적을 남겼어요. 특히 어디에나 끌어당기는 힘이 있다는 '중력 법칙'을 확립했지요.

미국의 유명한 정치가이자 교육자, 기업인, 과학자예요. 실험을 통해 번개가 전기 현상이라는 것을 밝혀냈고, 피뢰침을 발명하기도 했어요.

네덜란드의 실험물리학자예요. 열에 관한 실험을 많이 했고, 전기 보관 장치인 라이덴병을 만들었어요.

이탈리아의 물리학자이자 화학자예요. 다른 종류의 금속에서 전기가 생긴다는 걸 알아낸 뒤 전기를 조금씩 빼서 쓸 수 있는 전지를 발명했어요.

프랑스에서 태어난 화학자예요. 4원소설에 의문을 품고 연구한 끝에, 공기 속에 질소와 산소가 있다는 걸 알아냈어요. 이로써 오랫동안 전해 오던 4원소설이 잘못되었다는 걸 밝혔지요.

프랑스의 천문학자예요. 남쪽 하늘의 별을 관찰해서 열네 개의 별자리를 기록했어요. 제자 라부아지에에게 영향을 주었어요.

영국의 목사이자 화학자예요. 뒤늦게 화학에 관심을 갖고 여러 기체를 발견해서 '기체 화학의 아버지'라고 불려요. 특히 '산소'를 발견해서 근대 화학의 문을 열었지요.

영국의 화학자예요. 물질은 고유의 크기와 무게를 가진 원자들이 결합해서 만들어진다는 원자설을 주장했어요.

영국의 화학자이자 물리학자예요. 전류가 자석의 성질을 만든다는 데 영향을 받아, 반대로 자석의 성질로 전기를 만드는 연구를 했어요. 그 결과 전선 속에 자석을 통과시키면 전기가 생긴다는 걸 발견했지요.

영국의 화학자예요. 라부아지에의 영향을 받아 화학 연구를 시작한 뒤 전기 화학의 이론을 정립하고, 왕립연구소의 회장을 지냈어요. 패러데이를 조수로 임명해 함께 연구 활동을 했지요.

덴마크의 물리학자이자 화학자예요. 볼타의 영향을 받아 전기학에 흥미를 가졌어요. 전기가 흐르고 있는 전선 주위에서 나침반 바늘이 움직이는 것을 보고 전기와 자기가 관계 있다는 것을 발견했어요.

미국을 대표하는 발명가예요. 전기 분야에 관심이 깊어 더 성능이 좋아진 백열전구를 개발했어요. 최초로 상업용 발전소를 세워 직류 방식으로 전기를 공급했지요.

미국의 전기 공학자예요. 에디슨의 회사에서 연구원으로 일하다가 테슬라 연구소를 설립했어요. 에디슨과 달리, 교류 방식으로 전기를 공급하자고 주장했어요.

영국의 생물학자예요. 비글 호를 타고 남아메리카와

갈라파고스 제도 등을 항해한 후 환경에 더 잘 적응한 생물이 살아남는다는 자연 선택설에 의한 진화론을 주장했어요.

영국의 생물학자이자 지질학자예요. 현장 연구자로 동식물을 탐구하고, 대학에서 학생들을 가르쳤어요. 제자 다윈을 생물학자의 길로 이끌었지요.

영국의 생물학자예요. 동남아시아를 여행하면서 생물의 종이 달라지는 월리스 선을 발견해 다윈보다 앞서 진화론에 관한 논문을 발표했어요. 이후에는 다윈과 함께 논문을 발표하기도 했지요.

독일의 천문학자이자 기상학자예요. 지구를 조사하다가 대륙이 하나의 덩어리였다가 이동하여 나뉘어졌다는 '대륙 이동설'을 주장했어요.

영국의 천문학자로, 진화론을 주장했던 찰스 다윈의 아들이에요. 달의 기원에 관한 연구에 집중해서, 자전 운동으로 지구의 한 부분이 떨어져 나가 달이 되었다고 주장했어요.

오스트리아의 지질학자이자 고생물학자예요. 지구가 압력을 받아 쪼그라들면서 산맥이 생겼다고 주장했어요.

영국의 지질학자예요. 지구 내부에 있는 뜨거운 물질인 맨틀이 움직인다는 주장을 폈어요. 이 주장은 대륙 이동설을 증명해 줄 중요한 근거가 되었어요.

미국의 지질학자예요. 대서양 가운데에서 아주 깊은 골짜기를 발견하고는 맨틀의 움직임 때문에 해저가 넓어진다는 주장을 폈어요. 이 주장 역시 대륙 이동설의 근거가 되었어요.

미국의 천문학자예요. 윌슨 산 천문대에서 후커 망원경으로 천체를 관찰하고, 우리 은하 밖의 여러 은하들을 찾았어요. 안드로메다 은하가 우리 은하 밖의 은하라는 걸 밝혀 우주의 대논쟁도 끝냈지요. 또한 은하들이 서로 멀어지고 있다는 주장도 펼쳤어요.

미국의 천문학자예요. 태양계가 속한 우리 은하가 우주의 전부라는 주장을 펼쳤어요.

미국의 천문학자예요. 태양계가 속한 우리 은하도 여러 은하 중 하나라고 주장해서 섀플리에 맞섰어요.

러시아에서 태어나 미국으로 귀화한 물리학자예요. 먼 옛날의 우주는 지금보다 훨씬 작고 온도가 높았는데, 대폭발을 일으켜 지금처럼 되었다고 주장했어요. 그 대폭발이 바로 '빅뱅'이지요.